AF459630

LA

TRANSPOSITION

PAR LES

NOMBRES

A F.-A GEVAERT

LA

TRANSPOSITION

PAR LES

NOMBRES

MÉTHODE

INVENTÉE PAR

Alexis AZEVEDO

ET APPROUVÉE

PAR LE

CONSERVATOIRE ROYAL DE BRUXELLES

Prix net : 5 francs

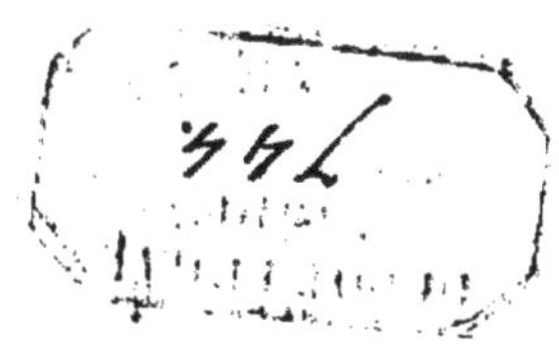

PARIS

CHEZ L'AUTEUR, 2, CITÉ GAILLARD

ET CHEZ E. ET A. GIROD, ÉDITEURS DE MUSIQUE, 16, BOULEVARD MONTMARTRE

PROPRIÉTÉ DE L'AUTEUR

Droits de Reproduction et de Traduction réservés pour tous pays.

Tout exemplaire non revêtu de la Signature de l'Auteur et d'un numéro d'ordre, sera réputé contrefait et poursuivi selon les lois.

A M. F.-A. GEVAERT

MAITRE DE CHAPELLE DE S. M. LE ROI DES BELGES,
DIRECTEUR DU CONSERVATOIRE DE BRUXELLES, MEMBRE DE L'ACADÉMIE DE BELGIQUE,
ASSOCIÉ ÉTRANGER DE L'INSTITUT DE FRANCE, ETC., ETC.

CHER GEVAERT,

Je serais bien ingrat si je ne vous offrais pas la dédicace de cet ouvrage, car vous y avez contribué par une indication précieuse. En me signalant, le 8 avril 1873, à l'issue de la troisième leçon du Cours que je faisais chez Adolphe Sax, la possibilité d'adapter aux cors et cornets à six pistons et aux autres instruments à souffle, le système que je croyais praticable sur le clavier seulement, vous m'avez mis dans la route qui m'a fait toucher le but.

Les instruments à six pistons m'ont un peu arrêté; mais l'application à la flûte, par le numérotage des doigtés de l'octave inférieure, m'a donné des résultats instantanés; et j'ai bien vite aperçu qu'en opérant de la même manière sur les noms des notes, au lieu de me restreindre au mécanisme particulier de chaque instrument, j'avais le moyen de résoudre tous les problèmes possibles, puisque, les notes se trouvant transposées par les noms nouveaux que le changement de ton exige, l'exécutant n'a plus qu'à les réaliser selon les conditions particulières de sa spécialité; et mon système de transposition générale par les nombres était trouvé.

A part les droits à ma vive gratitude, que ce service tout personnel vous assure, l'amour du progrès, dont je vous ai vu donner tant de preuves au sein de la commission instituée pour réviser les règlements du Conservatoire de Paris, amour qui, chose bien extraordinaire, ne s'est point affaibli dans la direction d'une des plus importantes Écoles musicales de l'Europe; l'accueil hospitalier dont vous favorisez toutes les innovations raisonnables qui viennent frapper à la porte du Conservatoire de Bruxelles; le zèle fervent avec lequel vous veillez au maintien et à l'amélioration de notre chère et bien chère Musique; votre vaste et solide érudition; cette probité scientifique, si rare et si utile, qui donne à vos affirmations historiques, théoriques et pédagogiques, une autorité universellement reconnue; ces choses et beaucoup d'autres me faisaient un devoir de vous offrir cette dédicace.

Je vous remercie du fond du cœur de la manière si spontanée dont vous l'avez acceptée.

Vous avez fécondé le germe; soyez le tuteur de l'arbuste, afin qu'il grandisse et donne de bons fruits.

Votre bien reconnaissant et affectionné,

ALEXIS AZEVEDO.

INTRODUCTION

Un tyran stupide et fantasque, digne petit-fils du trop célèbre Shahabaham, fit jeter, un jour, dans une affreuse prison, un pauvre homme qui n'était coupable d'aucun crime, d'aucun délit, pas même d'une mauvaise pensée; il lui dit : « Mon Ministre de l'Instruction publique fera porter dans ton cachot cent problèmes d'arithmétique, posés en chiffres romains. Si tu parviens à les résoudre sans une seule erreur, tu seras libre à l'instant. Sinon, tu resteras où tu es; tel est mon bon plaisir. Ton sort est dans tes mains. »

Si l'infortuné n'eût usé que des seuls chiffres romains (1), il serait très-probablement mort en prison. Mais l'idée lui vint bien vite de traduire ses problèmes en chiffres arabes, et peu d'heures après, il avait recouvré la clé des champs.

La moralité de ce petit apologue est que, avec des signes positifs et souples aux combinaisons, le difficile *devient* facile *et l'*impossible possible ; *et qu'avec des signes ambigus et peu maniables, le* facile *devient* difficile *et le* possible impossible ; *les choses les plus naturellement claires, déguisées de la sorte, s'obscurcissent et deviennent méconnaissables.*

Cette moralité contient toute la philosophie du système que je propose pour faciliter l'étude et la pratique de la transposition. L'infiniment petit nombre

(1) Ces chiffres sont absolument impropres aux calculs ; ils exigent parfois *quatre caractères* pour exprimer un seul nombre d'unités simples, VIII pour 8, par exemple. Ils ont le double emploi de s'additionner entre eux ou de se soustraire les uns des autres. (VIII pour 8 *addition;* CM pour 900, XC pour 90, IX pour 9, *soustractions.*), En les rangeant systématiquement en colonnes pour les additionner, on n'obtiendrait rien, puisqu'il faudrait à chaque instant tenir compte soit de leur fonction adjonctive, soit de leur fonction soustrayante. Aussi les Romains n'ont-ils eu qu'une arithmétique des plus élémentaire. Ils se servaient, d'ailleurs, pour compter, de petits cailloux de diverses couleurs (*calculi*), comme les Russes emploient encore aujourd'hui au même usage de petites boules enfilées à des tringles de laiton. C'est, par parenthèse, de ces petits cailloux que nous vient le mot *calcul.*

des parfaits transpositeurs que produisent les moyens usités, fait toucher au doigt la pressante nécessité d'un tel système.

Ce qui, jusqu'à présent, a surtout opposé de grands obstacles à la transposition, c'est, je le crois fermement, et par examen rationnel et par expérience, le caractère ambigu des notes écrites et de leurs noms; ambiguité d'où nait fatalement celle des intervalles. Il faut expliquer cela : entre un UT naturel *et un* UT dièse, *il n'existe aucune parenté, aucune affinité tonale, aucun lien réel. Cependant, nul signe écrit ne les différencie sur la portée, et on ne leur donne, à tous deux, que le même nom* UT *dans la solmisation. L'exécutant, pour faire le choix nécessaire entre ces deux termes si différents, exprimés par* la même note *et* par le même nom, *doit compléter le signe qu'il a sous les yeux, en évoquant le souvenir de l'armure de la clé, placée une seule fois pour toutes en tête d'un manuscrit volumineux, ou placée une seule fois en tête de chaque portée, dans la musique imprimée.*

Les notes étant ambiguës, les intervalles qu'elles expriment sont fatalement frappés du même caractère d'ambiguité. Deux notes embrassant cinq positions de la portée, forment un intervalle de quinte. La notation le dit positivement, mais elle ne dit rien de plus. Cette quinte sera-t-elle juste *ou* diminuée ? *les notes ne précisent rien à ce sujet; il faut, pour déterminer la nature particulière de l'intervalle, invoquer le souvenir de l'armure placée à la clé. Toujours ce souvenir obligé de compléter le signe écrit. Au lieu de lire purement et simplement, il faut, dans une certaine mesure, recomposer.*

L'habitude de faire des gammes, la connaissance théorique de la constitution des tons, l'instinct de l'oreille, remédient souvent à l'imperfection des signes écrits; en ce cas, c'est le lecteur qui vient au secours de l'écriture, et non l'écriture qui vient au secours du lecteur. C'est le monde renversé ! Mais ils n'y remédient pas toujours, et alors....

Assurément, on ne prévariquerait pas en inculpant l'ambiguité du signe-note, des trois quarts des sons faux qui ont été perpétrés dans le monde, depuis son adoption.

Le souvenir de l'armure, indispensable pour rectifier et compléter la note écrite, s'affaiblit d'ailleurs, et souvent s'anéantit, en traversant le labyrinthe des modulations intérieures, si fréquentes, si étranges, si fantasques dans la musique du jour.

Avec beaucoup de travail et de temps, on parvient à dominer, ou peu s'en faut, tous ces obstacles, dans la lecture au naturel. Mais ils deviennent souvent formidables, parfois insurmontables, dans la lecture par transposition; aussi, le nombre des parfaits transpositeurs est-il infiniment restreint. Tous, d'ailleurs, SONT COMPOSITEURS, *notez bien ce point; les meilleurs m'ont avoué qu'ils transposent* EN RECOMPOSANT, *d'après les indices qu'ils parviennent à saisir, et non en suivant un système positif, et que, dans les cas difficiles, ils se tirent d'affaire comme ils peuvent, c'est-à-dire* PAR A PEU PRÈS.

La principale cause du mal (1) nettement déterminée, il y faut trouver un remède. Voilà celui que je propose :

Étant établie la nécessité de donner aux notes une précision absolue et de créer un moyen de rendre leur transposition dans tous les tons sûre et facile, je fais attribuer, PAR LA PENSÉE, *des numéros d'ordre aux 12 degrés de la gamme chromatique tempérée, ou, si l'on veut, aux touches d'une octave du clavier.*

Les rapports entre les notes et leurs numéros d'ordre étant appris, et c'est l'affaire d'un moment, ON SAIT TRANSPOSER, *car les transpositions s'obtiennent par les modifications des numéros d'ordre, au moyen d'adjonctions qui ne dépassent pas 6 ou de retranchements qui n'excèdent pas 5. Voilà donc cette terrible transposition qui, par les moyens usuels, exige des connaissances musicales très-étendues, une énorme pratique et des aptitudes peu communes, réduite à une arithmétique de petit élève des écoles primaires.*

*Un exemple achèvera d'éclaircir ceci : supposons une transposition à faire d'*UT *en* RÉ *: le numéro d'ordre d'*UT *étant 1 et celui de* RÉ *3, il est évident que pour que 1 soit transformé en 3, il y faut ajouter 2, et que cette adjonction élèvera proportionnellement toutes les notes écrites ;* UT *1 plus 2 devient 3 ou* RÉ*;* RÉ *3 plus 2 devient 5 ou* MI*;* MI *5 plus 2 devient 7 ou* FA dièse, *etc.*

(1) Le mal vient de ce que toute la partie graphique et didactique de l'art musical ayant été établie, à partir de 1021, en vue du seul plain-chant, et par conséquent du seul genre diatonique, on a superstitieusement conservé ce système tel quel, en y introduisant quelques expédients plus ou moins ingénieux, les dièses et les bémols placés, une fois pour toutes, à la clé, par exemple, à mesure que les acquisitions de l'art créaient de nouveaux besoins. Or, depuis l'an 1021, il a passé bien de l'eau sous les ponts, comme on dit; les progrès du contrepoint, l'introduction de la mesure, la condensation des intervalles du contrepoint en accords, c'est-à-dire l'harmonie; la découverte de la tonalité moderne qui, en donnant un caractère fixe à la gamme, a fait naître les tons, qui sont les diverses hauteurs où l'on peut placer cette gamme fixe, et dont les divers changements produisent les modulations; la séparation de l'art tout entier en deux vastes hémisphères : le majeur et le mineur; le chromatique, l'enharmonique, et l'énorme extension de l'échelle générale des sons due aux instruments perfectionnés; toutes ces choses se sont graduellement ajoutées à la musique primitive et l'ont presque entièrement métamorphosée. Assurément, le système qui pouvait suffire, lorsqu'on ne connaissait que le plain-chant, ne répond plus au dixième des besoins de la musique moderne; et on l'a superstitieusement conservé, en l'enrichissant d'expédients plus ou moins ingénieux, je le répète, mais très-embarrassants, très-gênants, très-insuffisants. A part les sons de la gamme diatonique d'UT *majeur*, rien n'est écrit, rien n'est nommé d'une manière complète. Aux notes, il faut des modificatifs, à leurs noms des surnoms.

La raison et le sens pratique exigeaient qu'un art presque entièrement renouvelé de fond en comble, fût *outillé* d'un système graphique et didactique presque entièrement renouvelé lui aussi. Mais la raison a si peu souvent raison, et le sens pratique est si prodigieusement rare, qu'il ne faut s'étonner de rien. L'homme qui nous a délivrés de l'inextricable solmisation par *Muances*, en donnant le nom fixe SI à la septième note du système, est mort à la peine, et l'immortel Gui d'Arezzo lui-même, qui, par ses inventions de génie, a su hâter la constitution et les progrès de la musique de trois ou quatre siècles au moins, a rencontré des obstacles formidables sur sa route, chaque fois qu'il voulait faire un pas.

Et comme il n'est pas plus difficile d'ajouter 5 que 2, il se trouve que la transposition à la quarte, réputée l'une des plus embarrassantes du système, n'est pas plus difficile à effectuer que celle à la seconde, et, en généralisant, qu'aucune transposition n'est plus difficile qu'une autre, sauf les complications de doigtés ou de mécanisme que peut présenter le ton où l'on transpose.

On opère d'abord lentement, puis plus vite, et enfin, avec l'habitude, qui est bientôt acquise, on arrive à une assez grande rapidité. Alors on commence à s'aider des positions respectives des notes sur la portée, pour diminuer le nombre des calculs à faire; il est clair que dans une série de notes conjointes, la connaissance de la première mène tout droit à la connaissance de la seconde et ainsi du reste. En marchant graduellement dans cette voie de la suppression des calculs au moyen des positions respectives des notes sur la portée, — c'est le seul avantage de la notation usuelle, et il serait absurde de s'en priver, — on en vient, au bout de très-peu de temps, à n'avoir plus besoin du calcul que dans les cas embarrassants; il est comme un passepartout avec lequel on est sûr d'ouvrir toutes les portes de la maison, mais qu'on laisse dans sa poche lorsqu'on les voit ouvertes.

De la sorte, l'élève obtient bientôt toute la rapidité compatible avec le degré de capacité auquel il est arrivé dans la lecture directe.

Le système du numérotage modifié *résout tout, sauf un point : il laisse un choix à faire entre les deux noms que peut porter un même degré de la gamme chromatique tempérée, ou une même touche du piano.* UT *1 devient 4 par l'adjonction de 3; ce 4 sera-t-il nommé* MI bémol *ou* RÉ dièse?

Une règle très-simple et très-commode, fait disparaître cette ambiguité et anéantit toute chance d'erreur; il suffit de déterminer, en commençant, l'intervalle auquel on transpose, sans s'occuper s'il est majeur, mineur, etc. En sachant, par exemple, qu'on transpose à la tierce supérieure, par adjonction de 3, le 4 résultant de cette adjonction ne peut pas être un RÉ dièse, *puisque d'*UT *à* RÉ *il n'y a qu'une seconde; il sera donc forcément un* MI bémol, *un* MI *quelconque étant toujours la tierce d'un* UT *quelconque.*

La lacune que comble cette règle était inévitable; la gamme chromatique tempérée étant le régulateur de tous les instruments à clavier, de tous les instruments à trous, de tous les instruments à manches divisés, je devais obéir à cet usage, dans un système absolument pratique et qui n'a la prétention d'être ni une doctrine, ni une théorie, mais simplement un ensemble de moyens sûrs et commodes d'étudier et de pratiquer cette redoutable transposition, jusqu'à présent si réfractaire aux efforts des élèves. Le pouvoir de reconstruire, sur un plan nouveau, tous les pianos, toutes les orgues, toutes les flûtes, toutes les guitares de l'univers, ne m'étant pas dévolu, j'ai dû prendre les faits tels qu'ils sont, et y ajuster le système de cette méthode.

L'ambiguité des noms *de notes n'est pas, d'ailleurs, d'aussi grande conséquence que cette ambiguité des* notes *elles-mêmes, dont il était question tout à l'heure; avec le numéro modifié on trouve à coup sûr le* SON *voulu; on ne peu hésiter que sur le* NOM *à lui attribuer, et cette hésitation devient impossible par l'application de la règle ci-dessus. Avec les notes, on peut se tromper de* SON, *ce qui arrive très-souvent, parce que le signe n'est pas intrinsèque et qu'il faut le compléter mentalement par le souvenir de l'armure. Or, se tromper de* SON *est chose bien autrement importante que se tromper de* NOM. *Jouer faux est ce qu'il y a de pire au monde.*

« *Nomme-la comme tu voudras, pourvu que tu la chantes juste!* » *disait le célèbre Porpora aux élèves que déroutait le système si compliqué de la solmisation par* muances !

En définitive, par le calcul le plus élémentaire et la règle des intervalles, *on est en état de résoudre, plus ou moins vite, selon l'habitude et l'aptitude qu'on a, tous les problèmes pratiques et théoriques de la transposition, et tous ceux qui s'y rattachent.*

1° On transpose dans tous les tons;

2° On sait lire selon toutes les clés sans les avoir apprises (comme M. Jourdain faisait de la prose), en les ramenant toutes à la lecture de celle qu'on sait le mieux, par une simple modification au numérotage, les diverses clés n'étant, à l'égard les unes des autres, que des points de repère de transpositions;

3° On résout toutes les questions relatives à la manière d'écrire pour les instruments transpositeurs, cors, cornets, trompettes, clarinettes, etc., et au rétablissement de la musique de ces instruments au ton réel, de sorte que les redoutables énigmes d'un morceau de musique militaire, où pas une seule note n'exprime au naturel le son que l'oreille doit percevoir (1), ne sont plus que des jeux d'enfants.

C'est comme un de ces leviers qui permettent de soulever et de manœuvrer, avec une très-petite dépense de force et des aptitudes très-ordinaires, des fardeaux énormes.

---

(1) Une anecdote très-authentique à ce sujet. Un jour M. Michotte pria Rossini de lire un morceau de musique militaire de sa composition, et de lui en dire son avis. Rossini promit ce qu'on lui demandait, et donna rendez-vous pour le lendemain, à midi. Le moment venu, l'auteur de *Guillaume Tell* dit à M. Michotte, dès qu'il l'aperçut : « D'abord, établissons les faits : depuis neuf heures du matin, j'étudie ce morceau. Je crois qu'il est en MI *bémol*, mais JE N'EN SUIS PAS SUR. » M. Michotte lui ayant répondu qu'il était effectivement en MI *bémol*, « Maintenant que je suis fixé, causons-en ! » répliqua Rossini ; et ils en causèrent.

Je ne connais pas de critique plus fine et plus concluante du système si complexe et si embrouillé de la notation musicale en ce qui concerne les instruments transpositeurs.

Et je suis en mesure d'affirmer l'absolue réalité de tout ce qui vient d'être dit, car des expériences réitérées et décisives, faites sur des élèves dont les aptitudes et les connaissances musicales différaient beaucoup, donnent à cette affirmation le caractère positif d'un fait.

En terminant, je demande une grâce qu'on accorde bien rarement aux inventeurs, je ne l'ai que trop vu. Je supplie qu'on ne juge pas cette méthode à la simple lecture et par voie de raisonnements spéculatifs, et qu'on ne se prononce à son sujet qu'après en avoir fait des applications consciencieuses, et en avoir constaté les résultats.

Cette grâce me sera-t-elle octroyée?

LA

TRANSPOSITION

PAR LES

NOMBRES

MÉTHODE

CHAPITRE PREMIER

NUMÉROTAGE DES NOTES

§ Ier. — THÉORIE

Pour transposer par les nombres, il faut donner un numéro d'ordre à chacun des degrés de la gamme chromatique tempérée, comme ceci :

UT	ou	*SI dièse*	1	*FA dièse*	ou	*SOL bémol*	7
UT dièse	ou	*RÉ bémol*	2	*SOL*			8
RÉ			3	*SOL dièse*	ou	*LA bémol*	9
RÉ dièse	ou	*MI bémol*	4	*LA*			10
MI	ou	*FA bémol*	5	*LA dièse*	ou	*SI bémol*	11
FA	ou	*MI dièse*	6	*SI*	ou	*UT bémol*	12

Pour peu qu'on sache la musique, et l'on n'aborderait évidemment pas la transposition si on ne la savait pas du tout, on acquiert très-rapidement, parfois même instantanément, la connaissance de cette manière de désigner les degrés de la gamme chromatique tempérée. Quelques lectures attentives du tableau ci-dessus y suffiront presque toujours.

Cependant, avec les enfants très-jeunes ou avec les personnes qui ont besoin, pour apprendre, de voir les choses matérialisées, il faut numéroter, au moyen de petites étiquettes gommées ou de toute autre manière, les touches de deux octaves consécutives du clavier. A défaut de clavier réel, on se servira d'un clavier figuré :

TOUCHES NOIRES		2		4			7		9		11	
TOUCHES BLANCHES	1		3		5	6		8		10		12
	UT, etc.											

Je me suis très-bien trouvé de l'emploi de ce moyen dans la pratique de mon enseignement. Faire voir est un moyen sûr et rapide de faire bientôt savoir.

Mais la simple connaissance des rapports des numéros avec les notes, dont ils sont les équivalents, ne suffit pas. Il faut se familiariser avec ce mode de désignation, de manière à ce que le numéro évoque instantanément dans l'esprit le nom de la note, et, par contre, que la vue de la note écrite ou son nom prononcé évoque instantanément le numéro d'ordre. Il faut, en un mot, que l'élève ne puisse pas voir 1, 3, 5, par exemple, sans penser en même temps UT, RÉ, MI, et qu'il ne puisse pas lire ou entendre nommer FA, SOL, LA, sans penser en même temps 6, 8, 10. — Un numéro et une note ne doivent être pour lui qu'une seule et même chose, dont les deux désignations différentes s'éveillent à la fois dans son intelligence.

On atteindra facilement et promptement le but en travaillant les exercices en numérotage (1) des diverses manières suivantes.

---

§ II. — PRATIQUE

1° **TRAVAIL VERBAL.** — On *parlera* les exercices comme ceci : 1 UT, 3 RÉ, 5 MI, etc., 4 MI *bémol*, 9 LA *bémol*, etc. (2). Ce mode de travail offre

---

(1) **NOTE SUR L'ÉCRITURE DES SONS PAR LE NUMÉROTAGE.**— Cette écriture est un simple moyen pédagogique. Elle a pour unique but de conduire l'élève à la parfaite familiarité de ce numérotage, au moyen duquel il pourra effectuer, d'une manière facile et sûre, les opérations jusqu'à présent si compliquées et parfois presque impossibles de la transposition. On ne prétend en aucune façon la proposer comme écriture définitive ; elle aurait, à ce titre, des défauts qu'on ne se dissimule pas ; elle est un moyen très-puissant d'arriver au but, mais elle n'est rien de plus.

(2) Je ne saurais conseiller trop fortement aux professeurs et aux élèves, d'employer les mots établis par l'admirable Aimé Paris pour exprimer, d'une seule syllabe, les notes frappées de dièses ou de bémols simples ou dou-

l'avantage de permettre l'enseignement collectif et simultané à un nombre indéfini d'élèves. Il suffit d'écrire les exercices en numérotage au tableau, et de les faire traduire en noms de notes à tous les élèves à la fois, en indiquant les numéros avec une baguette. Dans ce mode d'enseignement, les plus vifs entraînent les plus lents, les plus intelligents les plus rétifs, et, l'émulation s'en mêlant, on est bien vite en possession du résultat.

2° **TRAVAIL ÉCRIT.** — On copiera les exercices en numérotage en laissant une large distance entre les lignes, et l'on écrira, en toutes lettres, sur ou sous chaque numéro, le nom de la note équivalente. Donc, sur ou sous 1, 3, 5, on écrira UT, RE, MI, et ainsi du reste. Ce mode de travail procure à l'élève le moyen de s'exercer en l'absence du professeur, et à celui-ci la faculté de vérifier ce qu'a fait l'élève dans l'intervalle des leçons. Rien, d'ailleurs, ne fixe mieux les idées que la nécessité de les manifester sous une forme qui laisse des traces durables.

---

bles. On pense avec les mots, et plus ils sont longs, plus les opérations de la pensée sont lentes. Or, il faut qu'elles soient d'une rapidité vertigineuse dans la transposition.

Les trois quarts des sons de la musique n'ont que des noms propres d'emprunt et ne sont spécifiés que par les surnoms *dièse*, *bémol*, etc. Il faut 3 et parfois 5 syllabes pour déterminer *un seul son*, qui peut être une quadruple croche. FA *dièse* (3 syllabes), MI *double bémol* (5 syllabes). On ne peut penser très-vite des groupes de 3 et de 5 syllabes, et on ne peut pas les prononcer du tout en solfiant. On se borne au nom et on laisse à une opération mentale le soin d'évoquer le surnom simple ou double. RÉ *naturel*, RÉ *dièse*, RÉ *double dièse*, RÉ *bémol*, RÉ *double bémol*, ces cinq effets, essentiellement différents, sont exprimés par le seul nom RÉ dans la solmisation. Si les cinq domestiques d'une maison se nommaient Jean, lorsqu'on appellerait le cuisinier, on verrait arriver le palefrenier. Je n'insiste pas sur les énormes inconvénients d'une pareille homonymie.

Voici les données sur lesquelles Aimé Paris a établi les mots dont l'usage fait disparaître tous ces inconvénients :

1° Pour les dièses, la voyelle *è* ouvert remplace la terminaison du nom habituel de la note. FA *dièse*, par exemple, devient *fè*.

2° Pour les bémols, le son *eu* remplace la terminaison du nom habituel de la note. SI *bémol*, par exemple, devient *seu*.

3° Pour les doubles dièses ou les doubles bémols, on place la voyelle *i* devant la terminaison. FA *double dièse* devient *fiè*. SI *double bémol* devient *sieu*.

4° SOL et SI, commençant tous deux par S, on remplace le SOL par l'articulation *je*, tirée du nom de cette note dans la notation grégorienne, encore usitée aujourd'hui en Allemagne pour la dénomination des sons. SOL *dièse* devient donc JÈ, SOL *bémol*, JEU, SOL *double dièse*, JIÈ, SOL *double bémol*, JIEU.

GAMME PAR DIÈSES. — UT *dièse* TÈ, RÉ *dièse* RÈ, MI *dièse* MÈ, FA *dièse* FÈ, SOL *dièse* JÈ, LA *dièse* LÈ, SI *dièse* SÈ.

GAMME PAR BÉMOLS. — UT *bémol* TEU, RÉ *bémol* REU, MI *bémol* MEU, FA *bémol* FEU, SOL *bémol* JEU, LA *bémol* LEU, SI *bémol* SEU.

GAMME PAR DOUBLES DIÈSES. — TIÈ, RIÈ, MIÈ, FIÈ, JIÈ, LIÈ, SIÈ.

GAMME PAR DOUBLES BÉMOLS. — TIEU, RIEU, MIEU, FIEU, JIEU, LIEU, SIEU.

Ainsi, trois ou cinq syllabes sont remplacées par une seule, et l'on obtient à la fois l'extrême rapidité et l'extrême précision. Ce système, d'ailleurs, n'a rien de bien subversif; les Allemands n'ont jamais cessé de changer la terminaison de leurs *lettres-notes* pour spécifier la présence du dièse ou du bémol ; la terminaison *is* ajoutée à la lettre exprime le dièse — C, UT *naturel*, *Cis*, UT *dièse*. La terminaison *es* exprime le bémol, — D, RÉ *naturel*, *Des*, RÉ *bémol*. Mais ils n'ont rien pour les doubles dièses et les doubles bémols, tandis que le système d'Aimé Paris répond à tous les cas possibles de la pratique, et facilite, de la façon la plus efficace, les explications théoriques.

3° **TRAVAIL MUSICAL.** — On réalisera les notes désignées par le numérotage, soit en les chantant, soit en les jouant sur un instrument, EN PRONONÇANT TOUJOURS LEUR NOM, si l'instrument permet l'usage de la parole et, EN LE PENSANT, si l'on s'exerce sur un instrument à souffle. Ce mode de travail a l'avantage de confirmer, par la réalisation musicale, ce qui était resté jusqu'alors dans le domaine de la théorie, et de conduire, par conséquent, de l'abstraction à la pratique.

CONVENTIONS GRAPHIQUES

Les chiffres exprimés en caractères *gras* désignent les notes qui doivent être réalisées une octave au-dessus de celles exprimées par les chiffres en caractères *maigres*.

MODÈLES DE L'OCTAVE INFÉRIEURE

1 3 5 6 8 10 12

MODÈLES DE L'OCTAVE SUPÉRIEURE

1 3 5 6 8 10 12

Les exercices précédés d'un A et suivis d'un B, doivent être lus et travaillés d'abord de A à B, c'est-à-dire de gauche à droite, et ensuite de B à A, c'est-à-dire de droite à gauche, ce qui doublera leur nombre et les présentera sous deux aspects différents.

La plupart de ces exercices sont combinés d'une manière symétrique, d'abord pour faciliter à l'élève le commencement des études, ensuite et surtout pour développer chez lui ce pressentiment de la succession des intervalles, dont l'habitude fait une sorte de divination. Sans cette quasi-divination, il n'y a pas de lecture très-rapide possible, même en s'en tenant au ton écrit. A plus forte raison lorsqu'on transpose.

EXERCICES EN NUMÉROTAGE

EXERCICES SYMÉTRIQUES EN *UT majeur*

1 A ‖ 1 3 5 3 5 6 5 6 8 6 8 10 8 10 12 10 12 **1** 12 **1** **3** **1** ‖ B

2 A ‖ 1 3 5 1 3 5 6 3 5 6 8 5 6 8 10 6 8 10 12 8 10 12 **1** 10 12 **1** **3** 12 **1** ‖ B

3 A ‖ 1 5 3 6 5 8 6 10 8 12 10 **1** 12 **3** **1** ‖ B

4 A ‖ 1 3 5 6 1 3 5 6 8 3 5 6 8 10 5 6 8 10 12 6 8 10 12 **1** 8 10 12 **1** **3** 10 12 **1** **3** **5** 12 **1** ‖ B

5 A ‖ 1 6 3 8 5 10 6 12 8 **1** 10 **3** 12 **5** **1** ‖ B

6 A ‖ 1 3 5 6 8 1 3 5 6 8 10 3 5 6 8 10 12 5 6 8 10 12 **1** 6 8 10 12 **1** **3** 8 10 12 **1** **3** **5** 10 12 **1** **3** **5** **6** 12 **1** ‖ B

7 A ‖ 1 8 3 10 5 12 6 **1** 8 **3** 10 **5** 12 **6** **1** ‖ B

8 A ‖ 1 3 5 6 8 10 1 3 5 6 8 10 12 3 5 6 8 10 12 **1** 5 6 8 10 12 **1** **3** 6 8 10 12 **1** **3** **5** 8 10 12 **1** **3** **5** **6** 10 12 **1** **3** **5** **6** **8** 12 **1** ‖ B

9 A ‖ 1 10 3 12 5 **1** 6 **3** 8 **5** 10 **6** 12 **8** **1** ‖ B

10 A‖ 1 3 5 6 8 10 12 1 3 5 6 8 10 12 **1** 3 5 6 8 10 12 **1** **3** 5 6 8 10 12 **1** **3** **5** 6 8 10 12 **1** **3** **5** **6** 8 10 12 **1** **3** **5** **6** **8** 10 12 **1** **3** **5** **6** **8** **10** 12 **1** ‖B

11 A‖ 1 12 3 **1** 5 **3** 6 **5** 8 **6** 10 **8** 12 **10** **1** **12** **3** **1** ‖B

EN *UT mineur*

12 A‖ 1 3 4 3 4 6 4 6 8 6 8 9 8 9 12 9 12 **1** 12 **1** **3** **1** ‖B

13 A‖ 1 3 4 1 3 4 6 3 4 6 8 4 6 8 9 6 8 9 12 8 9 12 **1** 9 12 **1** **3** 12 **1** ‖B

14 A‖ 1 4 3 6 4 8 6 9 8 12 9 **1** 12 **3** **1** ‖B

15 A‖ 1 3 4 6 1 3 4 6 8 3 4 6 8 9 4 6 8 9 12 6 8 9 12 **1** 8 9 12 **1** **3** 9 12 **1** **3** **4** 12 **1** ‖B

16 A‖ 1 6 3 8 4 9 6 12 8 **1** 9 **3** 12 **4** **1** ‖B

17 A‖ 1 3 4 6 8 1 3 4 6 8 9 3 4 6 8 9 12 4 6 8 9 12 **1** 6 8 9 12 **1** **3** 8 9 12 **1** **3** **4** 9 12 **1** **3** **4** **6** 12 **1** ‖B

18 A‖ 1 8 3 9 4 12 6 **1** 8 **3** 9 **4** 12 **6** **1** ‖B

19 A‖ 1 3 4 6 8 9 1 3 4 6 8 9 12 3 4 6 8 9 12 **1** 4 6 8 9 12 **1** **3** 6 8 9 12 **1** **3** **4** 8 9 12 **1** **3** **4** **6** 9 12 **1** **3** **4** **6** **8** 12 **1** ‖B

20 A‖ 1 9 3 12 4 **1** 6 **3** 8 **4** 9 **6** 12 **8** **1** ‖B

21 A‖ 1 3 4 6 8 9 12 1 3 4 6 8 9 12 **1** 3 4 6 8 9 12 **1** **3**
4 6 8 9 12 **1** **3** **4** 6 8 9 12 **1** **3** **4** **6** 8 9 12 **1** **3**
4 **6** **8** 9 12 **1** **3** **4** **6** **8** **9** 12 **1** ‖B

22 A‖ 1 12 3 **1** 4 **3** 6 **4** 8 **6** 9 **8** 12 **9** **1** ‖B

EXERCICES A INTERVALLES BRISÉS EN *UT majeur*

23 ‖ 1 5 8 1 10 8 6 3 8 6 5 1 10 8 3 8 1 5 8 1 10 8 5 12
10 8 **1** 5 6 3 1 ‖

24 ‖ 8 6 5 **1** 12 10 8 6 5 3 1 3 5 6 5 3 8 6 5 8 **1** 12 10 **3**
12 8 **1** 10 3 8 1 ‖

25 ‖ 5 1 8 12 10 8 6 3 8 6 5 1 10 8 3 8 5 1 8 10 12 **1** 12 10
8 5 10 3 6 5 1 ‖

EN *UT mineur*

26 ‖ 1 4 8 1 9 8 6 3 8 6 4 1 9 8 3 8 1 4 8 1 9 8 3 12 9 8
1 4 6 3 1 ‖

27 ‖ 8 6 4 **1** 12 9 8 6 4 3 1 3 4 6 4 3 8 6 4 8 **1** 12 9 **3** 12
8 **1** 9 3 8 1 ‖

28 ‖ 4 1 8 12 9 8 6 3 8 6 4 1 9 8 3 8 4 1 8 9 12 **1** 12 9 8
4 9 3 6 4 1 ‖

EXERCICES POUR APPRENDRE A NOMMER
LES NOTES DIÉSÉES ET BÉMOLISÉES

EN *SI majeur*

Sauf le *SI* et le *MI* toutes les notes sont diésées

29 ‖ 12 **4** **7** **4** **12** **11** **9** **5** **11** **9** **7** **4** **5** **2** **4** **7** 12 **4**
7 **4** **12** **11** **9** **5** **11** **9** **7** **4** **5** **2** 12 ‖

EN *UT dièse majeur*

Toutes les *notes* sont diésées

30 A ‖ 2 4 6 4 6 7 6 7 9 7 9 11 9 11 **1** 11 **1** **2** **1** **2**
4 **2** ‖ B

EN *RE bémol*

Sauf le *FA* et l'*UT* toutes les notes sont bémolisées

31 ‖ 2 6 9 6 **2** 11 9 6 11 9 7 4 9 7 6 4 2 6 9 6 **2** 11 9
7 4 1 2 6 4 9 2 ‖

EN *UT bémol*

Toutes les notes sont bémolisées

52 A ‖ 12 **2** **4** **2** **4** **5** **4** **5** **7** **5** **7** **9** **7** **9** **11** **9** **11**
7 **12** ‖ B

CHAPITRE II

DE LA TRANSPOSITION

§ I. — THÉORIE

Toutes les transpositions possibles s'obtiennent, on l'a déjà vu, par les diverses modifications du numérotage.

En effet, en ajoutant 1 à tous les numéros, on a la transposition à la seconde mineure supérieure : MI 5 augmenté de 1 devient 6 ou FA, et ainsi du reste.

En ajoutant 2 on a la transposition à la seconde majeure supérieure : UT 1 augmenté de 2 devient 3 ou RÉ, et ainsi du reste.

L'adjonction de 3 produit la transposition à la tierce mineure supérieure; celle de 4 la produit à la tierce majeure; de 5 à la quarte juste; de 6 à la quarte augmentée ou à la quinte diminuée; de 7 à la quinte juste; de 8 à la sixte mineure; de 9 à la sixte majeure; de 10 à la septième mineure et, enfin, de 11 à la septième majeure; l'octave laissant leur nom à toutes les notes n'est pas à proprement parler une transposition; il n'y a donc pas à s'en occuper ici.

Les adjonctions produiront très-souvent des résultats dépassant 12.

RÈGLE GÉNÉRALE. — *Lorsque les résultats dépasseront 12 on en retranchera ce nombre;* le reste donnera la solution cherchée.

Supposons par exemple un LA à transposer à la tierce mineure supérieure : LA est 10, l'adjonction nécessaire à cette transposition est 3; 10 plus 3 font 13; retranchez 12, reste 1 ou UT, c'est-à-dire la note cherchée (1).

Le tableau suivant achèvera de faire saisir cela.

13 ou 1			*UT*	16 ou 4	*RÉ dièse*	ou	*MI bémol*
14 ou 2	*UT dièse*	ou	*RÉ bémol*	17 ou 5			*MI*
15 ou 3			*RÉ*	18 ou 6			*FA*

Si des enfants très-jeunes ou les personnes qui ont besoin de voir pour apprendre, éprouvent quelque peine à bien saisir cette règle du retranchement de 12, on

(1) Les personnes qui se servent d'un clavier numéroté inscriront les doubles numéros, 1 ou 13, etc., sur les six premières touches de la seconde octave, d'après les indications du tableau ci-dessus.

leur montrera le cadran d'une pendule et on leur fera remarquer que l'heure qui suit la douzième et qui devrait être la treizième si la série était continuée, n'est que la première d'un nouveau cycle de douze; puis on les exercera par des questions établies sur le modèle de celle-ci :

« Je suis parti de Poitiers à 10 heures. J'ai été 6 heures en route pour venir à Paris. A quelle heure y suis-je arrivé ? »

On fera compter six heures sur le cadran, en commençant par celle qui suit l'heure du départ, et ce compte apprendra que le moment de l'arrivée à Paris a dû être quatre heures, et non pas *seize heures* (1).

FACILITÉ. — Dans les adjonctions à faire au SI *naturel* on négligera le numéro de la note, et l'on ne tiendra compte que du chiffre de l'adjonction qui donnera la réponse sans calcul. SI étant 12, pourquoi compter ce nombre pour avoir à le retrancher ensuite? Supposons, en effet, SI à transposer à la quarte juste supérieure; SI est 12, la transposition réclame l'adjonction de 5; 12 et 5 font 17, retranchez 12, il reste 5, c'est-à-dire le chiffre même de l'adjonction avant tout calcul.

L'adjonction de chiffres modificatifs relativement considérables, produit à chaque instant des résultats supérieurs à 12. Il en faut donc retrancher ce nombre. Mais, quelque facile que ce soit ce retranchement, il retarde toujours un peu les opérations, et s'il existe un moyen de l'éviter, il faut utiliser ce moyen. Or, on arrive par de petites soustractions aux mêmes résultats que par de grosses adjonctions. Voici par exemple la transposition du FA à la septième majeure supérieure : FA est 6, la transposition proposée exige l'adjonction de 11, 6 et 11 font 17, retranchez 12 reste 5 ou MI. Mais en substituant au système des adjonctions celui des retranchements, on voit qu'on arriverait au but par le simple retranchement de 1, puisque FA 6 moins 1 donnerait 5 ou MI. Il suffirait en ce cas de hausser le résultat d'une octave, ce qui se fait sans aucune difficulté, sans aucun travail, sans aucune hésitation.

Donc, on procédera par retranchements pour toutes les transpositions qui exigent l'adjonction d'un nombre supérieur à 6, en ayant soin de hausser tous les résultats d'une octave.

Le retranchement de		équivaut à l'adjonction de	
Le retranchement de	1	équivaut à l'adjonction de	11.
—	2	—	10.
—	3	—	9.
—	4	—	8.
—	5	—	7.

(1) D'aucuns trouveront ce moyen inutile et surtout puéril. Je crois qu'ils se trompent; les choses visibles et tangibles ont pour effet certain de fixer, dans l'esprit des élèves, les notions purement intellectuelles en les matérialisant. Les intelligences, d'ailleurs, sont très-diverses et chacune s'empare des idées à sa manière. Une pédagogie parfaite serait celle qui indiquerait toutes les façons possibles d'inculquer les matières de l'enseignement. Un homme d'un génie inépuisable et malheureusement méconnu, Aimé Paris, me disait souvent : « Lorsque l'élève n'apprend pas, ce n'est point sa faute ; c'est celle du professeur et de la méthode qui ne savent pas trouver le vrai chemin de son intelligence. »

On remarquera que le chiffre de l'adjonction, joint à celui du retranchement, donne toujours 12. Il sera donc facile de trouver le chiffre à retrancher avec celui qu'exigerait l'adjonction, puisqu'il ne s'agit que de compléter 12. Une adjonction de 9, par exemple, est remplacée par un retranchement de 3, puisque 9 et 3 font 12.

Il arrivera souvent que le numéro de la note étant plus faible que celui du retranchement, la soustraction ne sera pas possible.

RÈGLE GÉNÉRALE. — *Lorsque le numéro de la note est plus faible que le chiffre à retrancher, on ajoute 12 à ce numéro, pour rendre la soustraction possible.*

Ainsi 3 étant à retrancher de UT, qui est 1, on ajoutera 12 à 1, et l'on aura 13 qui, par le retranchement de 3, laissera 10 ou LA, c'est-à-dire le résultat cherché.

Les enfants et les personnes dont il était question tout à l'heure, peuvent s'aider encore du cadran d'une pendule pour se familiariser avec cette opération de l'adjonction de 12 aux numéros trop faibles. On leur adressera des questions établies sur le type de celle-ci : « Quatre heures sonnent à l'horloge de la Bourse de Paris. Il y a sept heures, je déjeunais à Tours. A quelle heure ai-je déjeuné ? »

On fera compter sept heures à reculons sur le cadran, en partant de celle qui précède quatre heures, et le résultat trouvé sera neuf heures.

Dans la pratique, il sera bien plus souvent nécessaire de transposer à la seconde mineure inférieure qu'à la septième majeure supérieure : l'une et l'autre transforment l'UT en SI.

RÈGLE GÉNÉRALE. — Dans toutes les transpositions inférieures par retranchement, il faut opérer au naturel sans modification d'octaves. De même pour les transpositions supérieures par adjonction. Dans les transpositions supérieures par retranchement, il faut hausser tous les résultats d'une octave, et dans les transpositions inférieures par adjonction, les baisser d'une octave.

Par exemple, si l'on veut transposer de SOL en LA, SOL étant 8 et LA étant 10, il faut ajouter 2. Si l'on a voulu cette transposition à la seconde majeure supérieure, tout est en place ; mais, si on l'a voulue à la septième mineure inférieure, il faut abaisser le résultat d'une octave pour que les sons soient à leur véritable hauteur. Il s'agit, en ce cas, d'une transposition inférieure opérée par adjonction.

Si l'on veut transposer de LA en SOL, LA étant 10 et SOL étant 8, il faudra retrancher 2. Si l'on a voulu cette transposition à la seconde majeure inférieure, tout est en place ; mais, si on l'a voulue à la septième mineure supérieure, il faut hausser tous les résultats d'une octave pour que les sons soient à leur véritable hauteur. Il s'agit, en ce cas, d'une transposition supérieure par retranchement.

Les deux tableaux suivants de la gamme d'UT *majeur* et de celle de LA *mineur,* transposées dans tous les tons usités au moyen du *numérotage modifié,* feront mieux saisir le mécanisme de la transposition par les nombres, que tout ce qu'on en pourrait dire.

TABLEAU

DE LA TRANSPOSITION DE LA GAMME D'*UT* MAJEUR DANS TOUS LES TONS
PAR LE NUMÉROTAGE MODIFIÉ

Plus 6 en FA *dièse* ou SOL *bémol*	7	9	11	12	2	4	6
Plus 5 en FA	6	8	10	11	13 *ou* 1	3	5
Plus 4 en MI	5	7	9	10	12	2	4
Plus 3 en MI *bémol*	4	6	8	9	11	13 *ou*	13
Plus 2 en RÉ	3	5	7	8	10	12	2
Plus 1 en UT *dièse* ou RÉ *bémol*	2	4	6	7	9	11	13 *ou* 1
	1	3	5	6	8	10	12
TYPE	UT	RÉ	MI	FA	SOL	LA	SI
	13 *ou* 1	3	5	6	8	10	12
Moins 1 en SI	12	2	4	5	7	9	11
Moins 2 en SI *bémol*	11	1 *ou* 13	3	4	6	8	10
Moins 3 en LA	10	12	2	3	5	7	9
Moins 4 en LA *bémol*	9	II	1 *ou* 13	2	4	6	8
Moins 5 en SOL	8	10	12	1	3	5	7

TABLEAU

DE LA TRANSPOSITION DE LA GAMME DE *LA* MINEUR DANS TOUS LES TONS PAR LE NUMÉROTAGE MODIFIÉ

Plus 6 en MI *bémol*	4	6	7	9	11	12	3
Plus 5 en RÉ	3	5	6	8	10	11	2
Plus 4 en UT *dièse*	2	4	5	7	9	10	13 *ou* 1
Plus 3 en UT	13 *ou* 1	3	4	6	8	9	12
Plus 2 en SI	12	2	3	5	7	8	11
Plus 1 en SI *bémol*	11	13 *ou* 1	2	4	6	7	10
	10	12	1	3	5	6	9
TYPE	LA	SI	UT	RÉ	MI	FA	SOL *dièse*
	10	12	13 *ou* 1	3	5	6	9
Moins 1 en SOL *dièse*	9	11	12	2	4	5	8
Moins 2 en SOL	8	10	11	1 *ou* 13	3	4	7
Moins 3 en FA *dièse*	7	9	10	12	2	3	6
Moins 4 en FA	6	8	9	11	1 *ou* 13	2	5
Moins 5 en MI	5	7	8	10	12	1	4

Il suffit de jeter un coup d'œil sur les tableaux précédents pour voir que les chiffres sont toujours augmentés d'une unité en lisant les colonnes de bas en haut, et qu'ils sont, par conséquent, toujours diminués d'une unité en les lisant de haut en bas ; que tout le numérotage d'une ligne est augmenté d'une unité par rapport à la ligne immédiatement supérieure et diminué d'autant par rapport à la ligne immédiatement inférieure. Il en résulte que tout le système est élevé ou abaissé d'une seconde mineure, abusivement nommée demi-ton, par l'adjonction ou le retranchement d'une unité ; d'une seconde majeure, par l'adjonction ou le retranchement de deux unités ; d'une tierce mineure, par l'adjonction ou le retranchement de trois unités, et ainsi du reste ; de sorte que, le numérotage étant bien su, il suffit, pour opérer toutes les transpositions usitées, d'adjonctions de nombres qui ne dépassent pas 6, ou de retranchements qui ne dépassent pas 5, c'est-à-dire de petites additions et de petites soustractions que les petits enfants des petites écoles ne trouveraient pas au-dessus de leur capacité.

Il ne reste plus qu'un point à élucider : le choix à faire entre les doubles noms de notes qu'indiquent presque tous les numéros. Une règle très-sûre et très-commode lèvera cette difficulté. Cette règle sera donnée plus tard.

§ II. — PRATIQUE

Pour étudier la transposition au moyen des petits calculs dont la théorie et les tablatures sont données dans le paragraphe précédent, on travaillera les exercices qui ont déjà servi à l'étude du numérotage de la manière suivante :

Étant donnés les sons 1, 5, 8, 12 à transposer à la tierce majeure supérieure par l'adjonction de 4 à tous les termes du numérotage, on dira : 1 *plus* 4 *égalent* 5 MI ; 5 *plus* 4 *égalent* 9 SOL *dièse* (ou mieux JÈ. Voir la note de la page 15) ; 8 *plus* 4 *égalent* 12 SI ; 12 *plus* 4 *égalent* 16 ou 4 RÉ *dièse* (ou mieux RÈ.)

Étant donnés les mêmes sons 1, 5, 8, 12 à transposer à la tierce mineure inférieure, par le retranchement de 3 à tous les termes du numérotage, on dira : 1 ou 13 *moins* 3 *égalent* 10 LA ; 5 *moins* 3 *égalent* 2 UT *dièse* (ou mieux TÈ) ; 8 *moins* 3 *égalent* 5 MI ; 12 *moins* 3 *égalent* 9 SOL *dièse* (ou mieux JÈ).

TRAVAIL VERBAL. — On travaillera les exercices comme il vient d'être dit, avec toutes les adjonctions et tous les retranchements indiqués au tableau de la transposition des deux gammes *majeure* et *mineure* dans tous les tons, EN PARLANT tous les chiffres et les noms des notes qui correspondent aux résultats des petits calculs ; on s'exercera soit dans la méthode, si le travail est individuel, soit au tableau, s'il est collectif. Après quelques opérations, on supprimera, pour gagner du temps, les mots : *plus*, *moins* et *égalent*, qui resteront sous-entendus.

TRAVAIL ÉCRIT. — On transcrira les exercices, en laissant un très-grand espace entre les lignes, et l'on écrira au-dessus les nouveaux chiffres qui résultent des additions ou des retranchements exigés par la transposition particulière qu'on étudie ; puis on écrira en toutes lettres les noms des sons primitifs au-dessous du numérotage simple, et ceux des sons transposés au-dessus du numérotage modifié, comme ceci :

Nouveaux noms par le fait de la transposition	MI	SOL *dièse*	SI	RÉ *dièse*
Numérotage avec adjonction de 4	5	9	12	16 ou 4
Numérotage simple	1	5	8	12
Noms primitifs	UT	MI	SOL	SI

TRAVAIL MUSICAL. — On réalisera avec la voix ou un instrument les sons indiqués par le numérotage modifié, après avoir PARLÉ le numéro primitif, le calcul et le numéro modifié de la note, si l'instrument le permet, ou après les avoir PENSÉS, si l'on se sert d'un instrument à souffle.

Dans ces trois genres de travail, on commencera par les adjonctions de 2, 3, 4 et 5, et par les retranchements de 2, 3, 4 et 5. On laissera pour la fin les adjonctions de 1 et de 6, et le retranchement de 1, d'abord, parce que ces modificatifs produisent, en partant d'UT majeur, des tons très-chargés de dièses ou de bémols ; ensuite, et surtout, parce qu'ils laissent subsister une incertitude qui ne peut être dissipée qu'au moyen d'une règle spéciale.

En effet, l'adjonction de 1 transporte la tonalité d'UT *naturel* à UT *dièse* ou RÉ *bémol;* celle de 6 à FA *dièse* ou SOL *bémol*, et le retranchement de 1 à SI *naturel* ou UT *bémol*. Lequel choisir de ces doubles tons fournis par un seul et même chiffre modificatif? J'ai consulté sur ce point des musiciens éminents. Hippocrate m'a dit : Oui, mais Gallien m'a dit : Non. Les uns préfèrent choisir UT *dièse* ou UT *bémol*, parce que les sons y gardent le nom de la note écrite, et n'ont besoin d'être modifiés que par ces simples surnoms : *dièse* ou *bémol;* les autres préfèrent RÉ *bémol* et SI *naturel*, parce qu'ils comportent moins de bémols ou de dièses, et parce qu'ils laissent leurs noms habituels aux touches blanches SI UT MI FA.

Il y a là un choix à faire, qui reste entièrement soumis à la convenance du transpositeur. Mais, quel qu'il soit, la règle suivante dissipera toutes les incertitudes.

RÈGLE POUR CHOISIR ENTRE LES DOUBLES NOMS D'UN MÊME NUMÉRO

Avant de commencer la transposition, l'on déterminera l'intervalle auquel on transpose, sans s'occuper de sa qualité de majeur, mineur, juste, augmenté ou diminué, et l'on ne considérera pas comme formant intervalle les transpositions où les notes gardent leurs noms primitifs, et ne sont modifiées que par des surnoms. On se dira, par exemple : Je transpose à la seconde supérieure, si l'on s'est décidé pour le ton de RÉ *bémol* au lieu de celui d'UT *dièse*. Cette simple considération de l'intervalle transpositeur dissipera toute incertitude, même dans les cas les plus embarrassants de la transposition.

En effet, UT 1 modifié par l'adjonction de 1 devient 2, qui peut être UT *dièse* ou RÉ *bémol*. Mais si l'on a fixé qu'on transpose à la seconde supérieure, sans s'occuper de sa qualité, la seconde supérieure d'UT ne peut être qu'un RÉ, et le numéro modifié 2 ne peut être, par conséquent, qu'un RÉ *bémol*. Toute incertitude sera levée pour cette note, comme pour toutes les autres, par l'application de cette règle.

Je viens de dire qu'elle répond à toutes les exigences possibles dans les cas les plus embarrassants ; elle résoudrait tout, même des problèmes qui ne se sont jamais présentés au transpositeur. Les deux exemples suivants montreront ce qu'elle peut.

Supposons un MI *double dièse* à transposer à la tierce majeure supérieure. Chaque dièse élevant le numérotage d'une unité, MI *naturel* étant 5, MI *double dièse* sera 7. Ajoutons 4 pour la transposition, total 11. Or, ce total 11 donnerait dans les cas ordinaires, LA *dièse* ou SI *bémol*. Mais comme un LA quelconque est la quarte d'un MI quelconque, et un SI quelconque sa quinte, la transposition du MI à la tierce supérieure ne peut amener qu'un SOL. Quel peut être le SOL fourni par 11? Réponse : SOL *naturel* est 8; donc l'excédant 3, de 8 à 11, implique un *triple dièse*, et le nom cherché est SOL *triple dièse*.

Supposons maintenant un UT *double bémol* à transposer à la tierce majeure inférieure. Chaque bémol abaissant le numérotage d'une unité, et UT *naturel* étant 1 ou 13, UT *double bémol* sera 11. Retranchez 4 pour la transposition, reste 7. Or, ce résultat donnerait dans les cas ordinaires FA *dièse* ou SOL *bémol*. Mais comme la tierce inférieure de l'UT ne peut être qu'un LA, et LA *naturel* étant 10, la différence de 10 à 7, soit 3, implique un *triple bémol*. Donc, le nom cherché sera LA *triple bémol*. Les deux points à ÉTABLIR et à RETENIR pour opérer avec une entière précision toutes les transpositions usitées, et même toutes les transpositions de fantaisie et de pure curiosité, sont donc :

1° Le chiffre modificatif propre à la transposition qu'on veut réaliser;

2° L'intervalle, sans désignation de majeur, mineur, etc., auquel elle doit être faite.

Avec ces deux moyens simples, positifs, et complétement pratiques, l'expérience me l'a prouvé bien des fois, on répond à toutes les questions, on résout tous les problèmes, et l'on rend inutile le bagage si embarrassant et si confus de la transposition par les moyens usuels. Plus de clés et d'armures supposées; plus de règles abstraites et compliquées pour la transformation des dièses en bémols ou en bécarres, des bémols en bécarres ou en dièses et des bécarres en dièses ou en bémols. Un petit calcul, à la portée des petits enfants, et la détermination de l'intervalle remplacent tout cela, même dans les modulations intérieures si chargées d'accidents, et par conséquent si embarrassantes, prodiguées par les compositeurs de l'école néo-romantique.

MANIÈRE D'ETABLIR LE CHIFFRE MODIFICATIF ET L'INTERVALLE PROPRES A TOUTE TRANSPOSITION PROPOSEE

La question peut être posée de deux manières :

1° Par la désignation de l'intervalle auquel on désire que la transposition soit effectuée. Un chanteur dira, par exemple, à son accompagnateur : « Haussez ou baissez ce morceau d'une seconde majeure, d'une tierce mineure, etc.; » ou bien, mais moins bien : » Haussez ou baissez d'un ton, d'un ton et demi, etc. »

2° Par la désignation du ton dans lequel on désire que la transposition soit effectuée, « transposez en MI *bémol*, en SOL, etc. »

Lorsque la question est posée par le nom de l'intervalle : « Haussez ce morceau d'une tierce majeure, » par exemple, on n'a plus à chercher que le chiffre modificatif propre à cette transposition. On prend pour type de la tierce majeure UT MI, et l'on dit : UT est 1 MI est 5; pour que 1 devienne 5, il faut une adjonction de 4. Et l'on se rappellera pendant toute la durée de l'opération qu'on transpose *plus* 4 *à la tierce supérieure.*

Lorsque la question est posée par le nom du ton où l'on veut que la transposition soit effectuée, « jouez ce morceau en MI, » par exemple, on compare la tonique du ton écrit, supposons SOL, à celle du ton proposé, et l'on dit : SOL est 8, MI est 5. Pour que 8 devienne 5, il faut un retranchement de 3. Puis on cherche le nom de l'intervalle en comptant le nombre des notes diatoniques qu'il contient, sans s'occuper si elles sont diésées ou bémolisées, et l'on dit : SOL, FA, MI, trois notes, intervalle de troisième ou tierce. On se rappellera, pendant toute la durée de l'opération, qu'on transpose *moins* 3 *à la tierce inférieure.*

Le chiffre modificatif donnant les distances rigoureusement exactes, permet de ne pas surcharger sa mémoire de la qualité majeure, mineure, etc., des intervalles. Il est presque puéril de faire remarquer que l'intervalle doit être appelé *supérieur* lorsqu'on transpose au-dessus de la note écrite, et *inférieur* lorsqu'on transpose au-dessous.

Le but de tous les moyens d'études qui viennent d'être donnés, étant de conduire à la parfaite connaissance du numérotage et des petits calculs propres aux diverses transpositions, on pourra aborder les applications à la notation usuelle dès que ce but sera suffisamment atteint. Il n'est pas nécessaire pour cela qu'on soit capable d'opérer avec une rapidité vertigineuse, mais simplement avec une grande précision. Soyez précis, et la rapidité viendra d'elle-même. Au début, elle serait plus nuisible qu'utile. Que produirait, d'ailleurs, la rapidité sans précision? Un charivari!

Mais il ne faudra pas, cependant, abandonner l'étude des exercices en numérotage. Ils sont le moyen certain du succès. On devra les travailler jusqu'à ce qu'on soit en état de transposer, dans tous les tons, tous les morceaux qu'on est capable de jouer dans le ton écrit, sauf ceux qui, disposés pour la spécialité de certains moyens d'exécution, ajouteraient aux difficultés naturelles de la transposition celles d'un mécanisme anormal.

REMARQUES SUR LES INTERVALLES ET SUR LES EXERCICES EN NUMÉROTAGE.

Les intervalles reçoivent leurs noms du nombre de positions qu'embrassent sur la portée les notes qui les limitent. *UT* et *RÉ* embrassant deux positions seulement donnent un intervalle de *deuxième* ou de *seconde; UT, MI*, trois positions, *tierce; UT, FA*, quatre positions, *quarte*, etc.

Selon cette étymologie, la seule admissible, il n'y a réellement pas de *seconde* pour l'œil entre *MI naturel* et *MI bémol*. Un morceau écrit sans accidents dans l'un ou l'autre de ces deux tons, offrirait identiquement le même aspect sur la portée. La différence n'est que pour l'oreille. C'est donc très-improprement qu'on donne à cette différence, auriculaire et non pas oculaire, le nom de *seconde chromatique;* pour faire disparaître ce défaut de la langue spéciale, je propose de substituer à *seconde chromatique*, le nom d'*HOMONYME CHROMATIQUE*, nom très-précis et parfaitement conforme au fait à exprimer.

De *MI naturel* à *MI bémol*, il n'y a pas, à proprement parler, de transposition, puisque les notes gardent les mêmes noms; aussi devra-t-on prendre garde, lorsqu'on opère *plus 1* ou *moins 1*, si les notes gardent leurs noms, ou si elles en changent; dans le premier cas, on n'a qu'à lire, en substituant par la pensée l'armure du ton proposé à celle du ton écrit; dans le second, l'on transpose pour obtenir les noms nouveaux.

En additionnant les armures de deux tons de même nom, l'on trouve que le total des dièses et des bémols est toujours 7 : *MI naturel*, 4 dièses, *MI bémol*, 3 bémols ; total 7. On pourra s'aider de cette remarque pour trouver rapidement l'armure des tons très-chargés de dièses ou de bémols : il suffira de compléter 7 avec les altérations inverses, en partant du ton le moins chargé.

Exemples : En *SÓL bémol* quelle est l'armure?

— *SOL naturel* 1 dièse; donc 6 bémols pour *SOL bémol;*

En *SI naturel* quelle est l'armure?

— *SI bémol* 2 bémols; donc 5 dièses en *SI naturel*, etc.

Les exercices en numérotage sont au nombre de 32; mais 25 sont doubles, ce qui fait un total de 57 exercices, lesquels, travaillés dans les 12 tons, fournissent 684 éléments d'étude. On en pourra augmenter le nombre à volonté en numérotant des chants écrits en notation usuelle, comme il est dit au chapitre suivant.

CHAPITRE III

APPLICATIONS A LA NOTATION USUELLE.

Lorsqu'on sait que 1 est UT, que 3 est RÉ, 5 MI, etc., on sait du même coup que UT est 1, RÉ 3, MI 5, etc. Ce sont les deux aspects inverses d'une seule et même connaissance. Donc, passer de la note au numérotage, lorsqu'on sait passer du numérotage à la note, ne saurait être une difficulté. Il serait donc puéril de recourir à des moyens spéciaux pour faire opérer cette simple inversion de deux termes parfaitement liés dans l'esprit de l'élève.

Cet ouvrage étant un traité de transposition générale, les exercices que je pourrais combiner pour l'étude de la transposition de la musique écrite en notes pourraient convenir à certains instruments, et ne pas convenir à d'autres. Le meilleur, au point où le travail du numérotage et du calcul a conduit l'élève, est de lui indiquer nettement, et avec tous les détails nécessaires, les moyens d'utiliser, pour l'étude de la transposition, *toute la musique spéciale* dont il se sert pour ses autres études.

On commencera par choisir un chant très-simple, dont on numérotera *toutes les notes*, comme dans l'exemple suivant, qui n'est qu'un exemple, je répète le mot à dessein, et non un exercice à travailler.

On transposera d'abord ce chant dans tous les tons par le numérotage modifié, en ne s'aidant pas du tout des notes, et en les considérant seulement comme *noires*, *croches*, etc., c'est-à-dire comme simples signes de durées.

Ensuite, on essaiera de le transposer d'après les notes, en ne s'aidant du numérotage écrit que lorsqu'on ne pourra pas le suppléer par la pensée.

Cet essai fera certainement reconnaître qu'il n'est pas plus nécessaire d'invoquer à chaque note le numérotage et le calcul, qu'il n'est nécessaire d'invoquer la clé et son armure à chaque note dans la lecture ordinaire. Une note connue sert de point de repère pour trouver le nom de la note suivante, par le rapport des positions respectives sur la portée. Mais qu'un obstacle se présente, qu'une erreur soit commise, le numérotage modifié donnera le moyen instantané d'aplanir l'un, de rectifier l'autre.

Pour s'habituer à trouver rapidement et sûrement, au moyen des positions respectives sur la portée, le nom d'une note par celui de la note précédente, dans les nombreuses métamorphoses de la transposition, on procédera graduellement; après le chant dont on aura numéroté toutes les notes, on en transposera un autre, dont on n'aura numéroté que la première note des groupes où la succession se fait par degrés conjoints, et les notes formant des intervalles brisés, comme dans le modèle suivant.

Ensuite, on transposera un chant dont on n'aura numéroté que la première note, et les notes formant des intervalles brisés de quarte et au-dessus ; on ne numérotera pas les intervalles de tierce.

Puis on procédera comme ci-dessus, mais sans numéroter les intervalles brisés de quarte.

Enfin, on ne numérotera pas les intervalles brisés de quinte.

Quant aux intervalles brisés supérieurs à la quinte, on en établira les rapports de position au moyen des OCTAVES MUETTES, dont le mécanisme et l'emploi vont être expliqués.

Une note étant connue, rien n'est plus facile que de trouver la position de son octave. On utilisera cette facilité pour diminuer la distance des grands intervalles dans la transposition. Supposons la sixte UT, LA; au lieu de tenir compte des six positions montantes qu'embrassent ces deux notes, on octaviera l'UT par supposition, et l'on n'aura plus à tenir compte que des trois positions qu'embrassent les notes de la tierce descendante UT, LA. Supposons la septième, RÉ, UT *aigu*; en octaviant le RÉ, on n'a plus à tenir compte que des deux positions de la seconde descendante RÉ, UT, au lieu des neuf positions de la neuvième montante, et ainsi du reste.

On se familiarisera très-vite avec cet expédient, dont j'ai obtenu de très-bons résultats en faisant transposer de la musique où l'on avait inscrit en notes losanges les octaves supposées, comme dans le modèle suivant.

Pour s'habituer à tenir exactement compte des changements apportés au numérotage des notes dites naturelles par l'armure de la clé, on écrira ce numérotage sur les notes qui le réclament, comme dans les deux modèles ci-dessous, et l'on ne numérotera pas les autres notes.

QUELQUES RÉFLEXIONS SUR CES QUATRE MOYENS DE TRANSPOSITION

Tels sont les quatre moyens dont l'étude, graduéé avec prudence et consciencieusement poursuivie, doit conduire très-vite l'élève à la connaissance et à la pratique de la transposition. Les deux premiers sont positifs. Les deux derniers ne sont qu'approximatifs, et doivent être considérés comme des secours, des auxiliaires, des facilités, mais non comme la base même des opérations :

1° Le numérotage modifié donne, selon le système tempéré, la distance exacte entre les sons du ton écrit et ceux du ton de la transposition. Il est comme un compas avec lequel on reproduit identiquement, à des distances voulues, tous les contours d'une ligne modèle. C'est l'instrument de précision par excellence ;

2° La détermination préalable de l'intervalle auquel on veut transposer dissipé toute incertitude relativement au choix à faire entre les deux noms de notes d'un même numéro d'ordre, ou d'une même touche du clavier. Elle fait disparaître ainsi le défaut du système tempéré, qui est la division du ton en deux parties identiquement égales, c'est-à-dire la réduction à une égalité contre nature des secondes mineures diatoniques et des secondes mineures chromatiques.

Avec ces deux moyens combinés, on peut tout élucider, tout surmonter, tout obtenir en fait de transposition, tout, excepté l'extrême rapidité. Obligeant à traiter chaque note individuellement, ils sont comme l'épellation, avec laquelle on apprend à lire et que l'on invoque chaque fois qu'un mot écrit d'une manière embarrassante s'offre au lecteur, mais qu'il faut sous-entendre et négliger dans la lecture rapide. Le sens de la phrase la supplée presque toujours par la force de l'association des idées. En musique, c'est le sentiment de la tonalité qui, en révélant l'association logique des sons, opère comme le sens rationnel et l'association des idées dans la lecture des mots, et donne une intuition spéciale, sans laquelle aucune réalisation rapide n'est possible. Mais la précision absolue étant acquise, il n'y a pas à s'occuper de la rapidité : elle viendra toute seule. Les deux moyens *indirects*, dont il reste à parler, aideront, d'ailleurs, puissamment à l'atteindre.

3° Lorsqu'on s'aide, d'après le troisième moyen, de la position respective des notes sur la portée pour trouver l'intervalle cherché, on use du procédé usuel de l'étude de la transposition par les clés, mais avec cette différence capitale qu'on ne foule jamais aux pieds l'une des conditions essentielles de la notation. On laisse les sons à la HAUTEUR ÉCRITE, sauf le changement qu'exige la transposition ; il n'en est pas de même avec les clés. Je le prouve. Étant donné un morceau en clé de SOL deuxième ligne à transposer d'UT en SOL, soit à la quarte inférieure, soit à la quinte supérieure, le système des clés ne fournit qu'un seul moyen : la substitution de la clé de FA troisième ligne, à la clé de SOL deuxième ligne.

Qu'en résulte-t-il ? Le SOL donné par la clef de FA troisième ligne est à la première octave grave du système ou clavier général. Or, il fallait, pour transposer à la quarte inférieure, le SOL de l'octave moyenne, et pour transposer à la quinte supérieure, celui de la première octave aiguë. Donc, dans le premier cas, on fait mentir l'écriture d'une octave, et de deux dans le second cas. On habitue ainsi l'élève à mépriser la fonction la plus importante des clés, qui est de déterminer d'une manière positive la partie spéciale du clavier général que doit embrasser telle ou telle voix, tel ou tel instrument.

En opérant par les rapports de positions des notes sur la portée, ce que les praticiens appellent *transposer au dessin*, on a l'avantage de juger d'un seul coup d'œil toute une série de notes, on substitue à l'épellation la lecture par groupes. Mais on a le désavantage de l'ambiguité des résultats. En effet, deux notes qui embrassent sept positions forment évidemment un intervalle de septième; mais cette septième sera-t-elle *majeure ou mineure?* Les notes ne le disent point par elles-mêmes. Il faut, pour le savoir, se rappeler et l'armure du ton écrit, et celle du ton de la transposition, puis combiner ces deux armures; et ce n'est pas tout : il faut encore se rappeler, en présence des dièses ou des bémols simples ou doubles, et des bécarres qu'amènent les modulations intérieures, les règles fort abstraites du remplacement des dièses par les bémols ou par les bécarres, et de ceux-ci par ceux-là, selon les cas, et faire l'application exacte de ces règles au problème à résoudre. Aussi, les transpositeurs qui se tirent sans encombre de toutes ces difficultés sont-ils bien plutôt des voyants, des devins, que des lecteurs. Ils opèrent par intuition, et non par une méthode positive; l'un des plus habiles du temps actuel l'avoue à qui veut l'entendre. C'est très-certainement à ces énormes obstacles qu'il faut attribuer l'excessive rareté des transpositeurs à toute épreuve, que rien ne trouble, que rien n'étonne, que rien n'arrête; mais combien sont-ils?

4° Les octaves muettes, qu'on *pense* et qu'on ne réalise pas, ne sont qu'un simple expédient. Mais comme j'en ai vu d'excellents résultats pour la transposition des grands intervalles, j'ai cru devoir en conseiller l'usage. Dans des opérations aussi laborieuses que celles de la transposition, il ne faut négliger aucun des secours dont on peut attendre quelque soulagement.

De ces quatre moyens directs, deux sont positifs, deux sont approximatifs; les deux premiers donnent l'exactitude rigoureuse, mais non l'extrême rapidité; les deux derniers sont plus prompts, mais ne donnent pas l'exactitude rigoureuse. En les combinant tous les quatre et en les appliquant avec intelligence, selon les cas, on est sûr d'atteindre le but en peu de temps, si l'on étudie avec soin et en observant bien la gradation prescrite.

MOYENS INDIRECTS

Le premier de ces moyens est l'étude sérieuse de la théorie musicale, en ce qui concerne la construction des gammes dans tous les tons, les modes, les clés, les armures, les accidents, etc. Il serait inutile de surcharger ce traité spécial d'un traité de théorie, qui ne pourrait, d'ailleurs, être que très-écourté dans un ouvrage où il figurerait simplement à titre d'épisode. Je me borne à signaler aux élèves désireux d'apprendre vite et bien, la *Méthode de Musique vocale*, de Mme et M. Émile Chevé (1), où toutes les questions de théorie sont exposées et résolues avec un esprit scientifique, une lucidité, un sens pratique admirables. Je leur signale aussi l'ouvrage très-net et très-solide de M. Pierre Bos, intitulé : *Cours de Musique théorique et pratique* (2).

Le deuxième des moyens indirects est l'étude de l'harmonie en tout ce qui concerne la structure et l'enchaînement des accords, leurs diverses attractions, les modulations et les cadences.

Une connaissance suffisante de la théorie élémentaire et de l'harmonie peut seule faire synthétiser des groupes plus ou moins considérables de notes juxtaposées ou d'accords, de manière à permettre d'opérer la lecture et la transposition *par masses*, au lieu de la lecture et de la transposition individuelle de chaque signe pris à part.

Le sentiment de la tonalité et des affinités harmoniques des accords, est à la lecture musicale ce que le sens logique des mots et des phrases est à la lecture alphabétique ; éclairé, développé par de bonnes études de la théorie et de l'harmonie, il devient une quasi-divination, qui permet de supprimer un nombre énorme d'opérations de détail ; il est comme une algèbre qui, en montrant d'un seul coup le but final, rend inutile une prodigieuse quantité de calculs.

Seul, d'ailleurs, le sentiment musical peut donner à la lecture simple ou à la lecture par transposition, le courant et la vie.

Cependant, réduit à sa virtualité propre, il ne saurait produire que des velléités, des aspirations, des *à peu près ;* mais, appuyé sur des points de repère d'une précision mathématique, rien ne lui peut résister.

---

(1) Un vol. gr. in-8. — Paris, 1864 ; 18, rue Visconti.

(2) Un vol. in-18. — *Bibliothèque de l'Écho de la Sorbonne*, 7, rue Guénégaud.

CHAPITRE IV

APPLICATIONS AUX INSTRUMENTS A CLAVIER

A LA HARPE ET AUX AUTRES INSTRUMENTS HARMONIQUES

Ces applications diffèrent des précédentes par le nombre des notes et des parties à transposer, mais elles se font toujours par les mêmes moyens; il suffit donc d'étendre l'emploi de ces moyens à des groupes de notes superposées et à des parties simultanées. On y parviendra sans trop de peine en suivant la marche graduelle observée dans les exercices suivants, marche d'après laquelle on devra travailler toute la musique qu'on étudie habituellement.

1° On transposera d'abord, isolément, le chant de l'exercice n° 1 dans tous les tons; ensuite on transposera isolément sa basse dans tous les tons. Lorsqu'on y sera parvenu, on opérera sur les deux parties à la fois.

Ces transpositions réalisées convenablement, on transposera de la musique écrite à deux parties simples : des duos pour instruments *solinotes*, par exemple, ou des duos de chant pour soprano et ténor, pour ténor et basse, et en un mot, tous les duos écrits pour deux voix différentes. Mais il faudra toujours baisser d'une octave les parties de ténor abusivement écrites en clé de *sol* deuxième ligne. On pourra utiliser aussi la musique de piano très-facile, en élaguant les doubles notes qu'on y pourrait rencontrer à une même partie.

2° Cela fait, on passera à l'exercice n° 2 où, sur la basse qu'on sait déjà, se trouve une partie supérieure à doubles notes, et l'on transposera isolément cette partie supérieure dans tous les tons ; puis on y joindra la basse.

3° Puis, on abordera l'exercice n° 3, où les notes de la basse sont doublées; on transposera isolément cette basse dans tous les tons, et ensuite, on y joindra le dessus à doubles notes que l'on sait déjà.

4° On transposera isolément le dessus à triples notes de l'exercice n° 4 dans tous les tons; puis on y joindra la basse à doubles notes que l'on sait déjà.

5° On transposera isolément dans tous les tons la basse à triples notes de l'exercice n° 5, puis on y joindra le dessus à triples notes que l'on sait déjà.

6° On transposera isolément dans tous les tons le dessus à quadruples notes de l'exercice n° 6, puis on y joindra la basse à triples notes que l'on sait déjà.

7° Enfin, on transposera isolément dans tous les tons la basse à quadruples notes de l'exercice n° 7; puis on y joindra le dessus à quadruples notes que l'on sait déjà.

On complétera l'étude de ces exercices en transposant de la musique écrite dans les mêmes conditions, c'est-à-dire, avec le même nombre de notes ou un nombre moindre à chaque partie; les *études* de piano, faites d'après un plan systématique, par tierces, par sixtes, etc., peuvent fournir de nombreux, d'excellents moyens de travail; enfin, lorsqu'on se sera rendu maître de toutes les transpositions du 7e exercice, on pourra se servir de toute la musique qu'on est en état de déchiffrer, attendu qu'aucune musique ne saurait présenter plus de huit notes à réaliser à la fois, à moins de circonstances absolument exceptionnelles.

Pour s'habituer à la transposition de la musique à plusieurs parties réelles, on devra s'exercer avec les fugues à deux voix, qui se trouvent dans les bons traités de contrepoint, et surtout avec celles des grands compositeurs anciens qui ont produit des merveilles en ce genre; mais comme ces fugues sont écrites avec les clés normales de chaque voix, il faudra les transcrire en clé de SOL pour la partie aiguë et en clé de FA pour la partie grave, avant de les transposer sur l'instrument; les moyens donnés au chapitre de la *lecture de toutes les clés réduite à celle de la clé de* SOL, rendront très-facile ce travail de transcription.

Ensuite, on pourra passer à la transposition directe de semblables fugues, au moyen de deux chiffres modificatifs, établis d'après les règles données au chapitre de la réduction de toutes les clés à celle de SOL. L'expérience m'a prouvé que le fait de transposer une partie par un modificatif, et une autre partie par un modificatif différent, ne présente pas de trop grands obstacles à surmonter. Avec un peu d'attention et d'étude, on en vient à bout; mais comme cette double transposition dépasse les besoins ordinaires, on ne s'en occupera que comme gymnastique et pour se rompre à toutes les éventualités, à moins qu'on ne se propose de pousser les études jusqu'à la réduction pour le piano et à la transposition des partitions d'orchestre. Dans le dernier cas, cette étude qu'on peut étendre à des morceaux plus compliqués, conduira sûrement au but, *parce que le* NUMÉROTAGE MODIFIÉ *donne des moyens sûrs et rapides de vaincre toutes les difficultés.* Les procédés donnés au chapitre de la réduction des clés et à celui des instruments transpositeurs, seront d'une grande utilité dans l'opération si scabreuse de lire au piano et de transposer la grande partition.

Pour les instruments harmoniques dont la musique est écrite sur une seule portée, comme la guitare, la mandoline, etc., on n'étudiera que la partie en *clé de* SOL des exercices ci-dessus.

DES POINTS DE REPÈRE.

On a vu, dans les chapitres précédents, qu'une note connue sert de point de repère pour reconnaître plusieurs autres notes, et finalement toutes les autres, avec le secours des octaves supposées. Les mêmes moyens feront reconnaître avec autant de facilité les notes superposées de l'harmonie, que les notes successives de la mélodie. Toute la question est de savoir déterminer, dans un accord, la note qui doit servir de point de repère à l'une de celles de l'accord suivant.

Avec les règles ou plutôt les conseils qui suivent, on atteindra promptement le but :

1° S'il se trouve entre deux accords ou groupes simultanés une note commune, cette note devra naturellement être le point de repère pour reconnaître celles du second accord ou groupe.

2° A défaut de note commune, on prendra pour point de repère celle du second groupe qui se trouvera la plus voisine de l'une de celles du premier. Très-souvent, plusieurs notes voisines viennent augmenter le nombre des points de repère, ce qui facilite d'autant les opérations.

3° Lorsque les groupes sont séparés par de grandes distances, et qu'ils ne présentent, par conséquent, ni notes communes, ni notes voisines, on établira le point de repère au moyen des octaves supposées et muettes, dont le mécanisme a été démontré précédemment.

Mais, il faut encore le répéter, ces moyens ne sont qu'approximatifs, puisque, par le fait de l'ambiguïté des notes, les intervalles sont ambigus eux-mêmes, et laissent subsister de nombreuses chances d'erreur, comme on l'a vu dans l'*Introduction*. Aussi faut-il opérer par le numérotage et par le calcul aussitôt qu'on rencontre un obstacle, si petit soit-il, ou qu'on est sur le point d'hésiter; avec ce moyen, le seul positif, on arrive à se faire de nouveaux points de repère dans tous les cas possibles, et les modulations intérieures, si dangereuses pour le transpositeur dans le système usuel, ne peuvent plus présenter aucune difficulté grave, même dans les combinaisons de tons les plus bizarres.

Aussi, ne saurait-on trop recommander la lecture et la transposition des exercices en numérotage, jusqu'à ce que la note écrite et son numéro, le calcul et son résultat numérique traduit par le nom de la note transposée, se présentent en quelque sorte instantanément à la pensée du transpositeur.

CHAPITRE V

APPLICATIONS AUX INSTRUMENTS TRANSPOSITEURS

§ 1er. — NOTATION AU TON FICTIF ET LECTURE AU TON RÉEL

Les mêmes combinaisons de doigtés produisent la gamme d'UT sur la clarinette en *ut*, celle de *SI bémol* sur la clarinette en *SI bémol*, celle de LA sur la clarinette en *la*. Pour que le même signe écrit n'indique pas au clarinettiste des doigtés différents, on est convenu d'écrire comme si toutes les clarinettes étaient en UT. Dans ce système, les notes n'expriment plus que des doigtés et non des sons réels. Des motifs semblables, ou analogues, ont fait adopter les mêmes conventions pour l'écriture des cors, des trompettes, des cornets, des instruments inventés par Adolphe Sax; et, en mot, pour l'écriture de tous les instruments à dimensions variables.

Cet usage implique la nécessité de deux transpositions:

1° Celle que doit faire le compositeur pour aller du ton réel au ton fictif de l'écriture;

2° Celle que doit faire le lecteur de cette écriture pour la ramener au ton réel, lorsqu'il veut, ou analyser la composition, ou la réaliser sur un instrument accordé au diapason.

Le numérotage modifié donne les moyens très-sûrs, très-simples et très-rapides d'effectuer cette double opération.

Ces moyens, les voici :

TON DE L'INSTRUMENT	ÉCRITURE AU TON FICTIF			LECTURE AU TON RÉEL		
SI	On transposera les notes réelles		plus 1	On transposera les notes écrites		moins 1
SI bémol	—	—	plus 2	—	—	moins 2
LA	—	—	plus 3	—	—	moins 3
LA bémol	—	—	plus 4	—	—	moins 4
SOL	—	—	plus 5	—	—	moins 5
SOL bémol / *FA dièse*	—	—	plus 6	—	—	plus 6
FA	—	—	moins 5	—	—	plus 5
MI	—	—	moins 4	—	—	plus 4
MI bémol	—	—	moins 3	—	—	plus 3
RÉ	—	—	moins 2	—	—	plus 2
RÉ bémol / *UT dièse*	—	—	moins 1	—	—	plus 1

§ II. — ARMURES DU TON FICTIF

La clarinette en SI *bémol*, par exemple, n'est pas exclusivement employée dans le seul ton dont elle a reçu son nom spécial. On s'en sert dans d'autres tons, selon certaines convenances dont il n'y a pas à s'occuper ici. Et beaucoup d'autres instruments transpositeurs sont employés de même dans divers tons. En ce cas, il faut inscrire à la clé l'armure constitutive du ton fictif qui doit produire, combiné avec celui de l'instrument, le ton réel voulu par le compositeur.

Pour trouver cette armure constitutive, il faut :

1° Modifier le numéro de la nouvelle tonique d'après le chiffre qu'exige l'écriture fictive de l'instrument ;

2° Donner au numéro modifié de cette manière, son nom de note, *qui sera la tonique de l'écriture au ton fictif*, et placer à la clé l'armure constitutive de ce ton fictif de l'écriture.

Supposons un morceau en MI *bémol* à confier à la clarinette en SI *bémol*. La nouvelle tonique est MI *bémol* ou 4. L'écriture de cette clarinette s'obtient par l'adjonction de 2 aux notes réelles; 4 et 2 font 6 ou FA. Il faudra donc inscrire à la clé l'armure constitutive du ton de FA, c'est-à-dire le premier bémol SI.

Supposons un morceau en RÉ à confier à la clarinette en LA. La nouvelle tonique est RÉ ou 3; l'écriture de cette clarinette s'obtient par l'adjonction de 3 aux notes réelles. 3 et 3 font 6 ou FA. Il faudra donc la même armure constitutive que dans l'exemple précédent.

Dans un morceau en SI, pour la clarinette en LA, le Si étant 12, et l'adjonction étant 3, on a le total 15 ou 3 RÉ. Inscrivez à la clé l'armure constitutive du ton de RÉ, soit les deux premiers dièses FA et UT. Procédez par les mêmes moyens dans tous les autres cas.

L'extrême brièveté de ce chapitre, où TOUTES les questions relatives à la notation fictive et à la lecture au ton réel de la musique des instruments transpositeurs, se trouvent résolues de la façon la plus simple et la plus positive, fait mieux voir que tout ce qu'on pourrait dire, l'efficacité des moyens employés dans cette méthode. Ces moyens, en effet, aplanissent en quelques instants les terribles obstacles dont les procédés usuels hérissent l'étude de la partie de l'orchestration relative aux instruments transpositeurs; et ce n'est pas un résultat à dédaigner.

NOTA. — Certaines dénominations d'instruments transpositeurs ont été adoptées, quoiqu'elles soient absolument contraires au bon sens le plus primitif. On doit prévenir le lecteur au ton réel, que la petite flûte, dite en MI *bémol*, est en réalité en RÉ *bémol*, et que la flûte tierce, dite flûte en FA, est en réalité en MI *bémol*. Il trouvera tous les détails de ces anomalies, et de quelques autres semblables, dans l'excellent traité d'instrumentation de M. Gevaert, où ils sont, à mon avis, plus nettement formulés que dans les autres ouvrages de même espèce. Il y trouvera aussi des indications précises sur le véritable diapason des instruments, indications que ne donne pas toujours la notation musicale depuis qu'on a détourné plus ou moins les clés de leurs véritables fonctions, en les faisant mentir d'une ou de plusieurs octaves.

Le 29 février 1868, j'ai proposé à la Société des compositeurs les moyens de remédier à l'insuffisance des clés. J'ai publié ce travail sous le titre : *Sur un Nouveau Signe proposé pour remplacer les Clés de la Notation musicale;* une brochure grand in-8°, chez Girod, éditeur de musique, 16, boulevard Montmartre.

CHAPITRE VI

RÉDUCTION DE LA LECTURE

DE TOUTES LES CLÉS A CELLE DE LA CLÉ DE *SOL* 2me LIGNE, PAR LE NUMÉROTAGE MODIFIÉ

Lorsqu'on sait transposer par le NUMÉROTAGE MODIFIÉ, on est en état de lire et de transposer la musique écrite avec une clé quelconque, puisque les diverses clés ne sont, à l'égard les unes des autres, que des points de repère de transpositions.

Il suffit, pour obtenir ce résultat, de chercher le chiffre modificatif qui doit opérer la réduction d'une clé quelconque à la clé de SOL deuxième ligne, et l'armure qu'il faut placer à cette clé de SOL, au moyen des règles qui vont être données, après quelques explications indispensables sur la fonction et le mécanisme des clés.

---

§ I. — FONCTION ET MÉCANISME DES CLÉS

Il y trois clés, — celle de SOL, celle d'UT, et celle de FA (1). — La clé de SOL se pose sur la deuxième ligne (on la pose par exception sur la première ligne dans les solféges à changements de clés; mais alors elle donne aux notes les mêmes noms que la clé de FA quatrième ligne.) La clé d'UT se pose sur les quatre premières lignes et la clé de FA sur la troisième et la quatrième ligne.

Les clés sont les points de repère des noms des notes. Elles donnent leur nom aux notes placées dans la position qu'elles occupent. Ainsi la clé de SOL deuxième ligne, fait nommer SOL toute note placée sur la deuxième ligne; la clé d'UT deuxième ligne, fait nommer UT toute note placée sur la deuxième ligne, et la

---

(1) Voir les figures des clés aux tableaux des pages 49 et 50.

clé de FA troisième ligne, fait nommer FA toute note placée sur la troisième ligne. Toutes les autres notes sont nommées en raison de leurs rapports de position avec celle de la ligne de la clé. Ainsi, la note du deuxième intervalle en clé de SOL deuxième ligne, étant à un degré au-dessus du SOL indiqué par la clé se nomme LA; celle de la troisième ligne, c'est-à-dire à deux degrés au-dessus du point de repère, se nomme SI, et ainsi de suite. C'est donc à juste titre qu'on a dit des clés qu'elles sont « les marraines des notes (1). »

Ces explications données pour les personnes qui ne savent pas très bien la théorie musicale, et le nombre en est par malheur plus grand qu'on ne croit, passons aux règles proprement dites.

---

§ II. — RAPPORTS NUMÉRIQUES DES CLÉS

1° Etant donnée une clé quelconque, il faut chercher la place de l'UT sur cette clé, ainsi qu'on va voir, en considérant toujours cet UT comme *naturel*, quelle que soit l'armure de la clé :

Supposons la clé de FA troisième ligne : la note de la troisième ligne étant FA, celle du deuxième intervalle sera MI, celle de la deuxième ligne sera RÉ et celle du premier intervalle sera l'UT cherché;

2° Etant trouvée la place de l'UT, on substitue par la pensée la clé de SOL deuxième ligne à la clé de FA troisième ligne, et l'on voit que l'UT du deuxième intervalle devient un FA;

3° Etant trouvé le nouveau nom de l'UT par la substitution de la clé de SOL deuxième ligne, on cherchera la différence entre le numérotage des deux notes, *en commençant toujours par celle de la clé de* SOL, comme ceci : FA étant 6 et UT étant 1, pour que 6 devienne 1, il faut retrancher 5; — donc on lira les numéros de toutes les notes en les diminuant de 5.

---

§ III. — RÉDUCTION DES ARMURES

4° Etant trouvée la différence numérique à faire subir à tout le numérotage, il faut, pour obtenir l'exactitude absolue de l'opération, supposer à la clé de SOL l'armure du ton fourni par la transformation de l'UT; — ainsi l'UT de la clé de FA

(1) *Dictionnaire musico-humoristique* du docteur Aldo, Gérard et Cie, éditeurs de musique, 12, boulevard des Capucines.

troisième ligne, devenant FA par la substitution de la clé de SOL deuxième ligne, on supposera cette clé armée comme pour le ton de FA, c'est-à-dire avec le SI bémol. La réduction de la clé d'UT quatrième ligne à la clé de SOL deuxième ligne transformant l'UT de la première de ces clés en RÉ de la seconde, on supposera la clé armée pour le ton de RÉ, c'est à dire avec le FA dièse et l'UT dièse;

5° Si la clé écrite est armée de dièses ou de bémols, on combinera son armure avec celle que nécessite la clé de SOL supposée, de la manière suivante : les dièses s'ajoutent aux dièses, lorsqu'ils figurent à l'armure écrite et à l'armure supposée; de même les bémols s'ajoutent aux bémols; mais lorsqu'il y a des dièses à l'armure écrite et des bémols à l'armure supposée, ou à l'inverse, des bémols à l'armure écrite et des dièses à l'armure supposée, ces dièses et ces bémols se compensent, c'est-à-dire que chaque dièse d'*une* des deux armures annule un bémol de l'autre, ou que chaque bémol annule un dièse; et l'on ne tiendra compte que de l'excédant.

Supposons un morceau écrit en clé d'UT quatrième ligne dans le ton de RÉ. Ce ton exige deux dièses à la clé. De son côté, la substitution de la clé de SOL à celle d'UT quatrième ligne, amène toujours la présence de deux dièses. Il faudra donc tenir compte de 4 dièses, 2 pour la clé écrite, 2 pour la clé de SOL supposée, et lire en clé de SOL comme si l'on était en MI *naturel;* ce qui, par le retranchement de 2 fait au numérotage, ramène au ton proposé de RÉ, puisque la tonique supposée, le MI est 5, qui devient 3, c'est-à-dire RÉ, par le retranchement de 2.

Supposons maintenant un morceau écrit en clé de FA troisième ligne dans le ton de MI bémol; ce ton exige 3 bémols à la clé. De son côté, la substitution de la clé de SOL à celle de FA, troisième ligne, amène toujours la présence d'un bémol. Il faudra donc tenir compte de 4 bémols, 3 pour la clé écrite, 1 pour la clé supposée, et lire en clé de SOL, comme si l'on était en LA *bémol;* ce qui, par le retranchement de 5 fait au numérotage, ramène au ton proposé, puisque la tonique supposée LA *bémol* est 9, qui devient 4, c'est-à-dire MI *bémol*, par le retranchement de 5.

Supposons encore un morceau écrit en clé d'UT deuxième ligne, dans le ton de FA. Ce ton exige un bémol à la clé. De son côté, la substitution de la clé de SOL à celle d'UT deuxième ligne, amène toujours la présence d'un dièse. Ce dièse annulera le bémol de la clé écrite, et on lira en clé de SOL comme si l'on était en UT; ce qui, par l'adjonction de 5 faite au numérotage, ramène au ton proposé, puisque la tonique supposée, l'UT est 1 qui devient 6, c'est-à-dire FA, par cette adjonction de 5.

Un morceau écrit en clé d'UT troisième ligne, dans le ton de MI *bémol*, exige trois bémols à la clé. De son côté, la substitution de la clé de SOL à celle d'UT troisième ligne, amène toujours la présence de 5 dièses; on déduira les 3 bémols des 5 dièses, et il restera 2 dièses. On lira en clé de SOL, comme si l'on était en RÉ; ce qui, par l'adjonction de 1 faite au numérotage, ramène au ton proposé, puisque la tonique supposée RÉ ou 3 devient 4, c'est-à-dire MI *bémol* par cette adjonction de 1.

Un morceau écrit en clé d'UT troisième ligne, dans le ton de SOL *bémol*, exige 6 bémols à la clé. De son côté, la substitution de la clé de SOL à celle d'UT troisième ligne, amène toujours la présence de 5 dièses. On déduira les 5 dièses des 6 bémols, et il restera 1 bémol. On lira en clé de SOL, comme si l'on était en FA, ce qui, par l'adjonction de 1 faite au numérotage, ramène au ton proposé, puisque la tonique supposée FA est 6, qui devient 7, ou SOL *bémol*, par cette adjonction de 1.

Ainsi, la soustraction se fait, selon les cas, de l'armure de la clé écrite à celle de la clé supposée, ou de la dernière à la première, et donne des deux manières une solution juste. On retranche le nombre le plus faible du plus fort, et l'on ne tient compte que du reste. Le numérotage modifié ramène tout aux notes réelles voulues par le compositeur.

L'addition des dièses ou des bémols placés à la clé écrite et à la clé supposée, amène dans certains tons un nombre de dièses ou de bémols qui dépasse 7. Ainsi, un morceau en clé d'UT première ligne, dans le ton de SI, présente 5 dièses à la clé écrite et 4 à la clé supposée; ce qui exigerait 9 dièses à cette dernière. Un morceau en clé de FA troisième ligne, dans le ton d'UT *bémol* (ou de LA *bémol mineur*, comme dans la *marche funèbre* d'une sonate de Beethoven) présente 7 bémols à la clé écrite et 1 à la clé supposée; ce qui exigerait 8 bémols à cette dernière.

Or, l'usage ne permet pas de placer plus de 7 dièses ou de 7 bémols à la clé; et, le permît-il, les complications qui en résulteraient rendraient souvent la lecture au naturel presque impossible, et opposeraient à la transposition des obstacles tout à fait insurmontables; le numérotage modifié fournit un moyen très-simple et très-commode d'éviter ces redoutables complications. En ajoutant une unité à ce numérotage, on élève tout le système d'une seconde mineure, ce qui équivaut à la présence de 7 dièses à la clé. De même, en le diminuant d'une unité, on abaisse tout le système d'une seconde mineure, ce qui équivaut à la présence de 7 bémols à la clé. Il suffit donc de forcer d'une unité le chiffre modificatif du numérotage, soit en élevant de 1 celui des adjonctions, soit en diminuant de 1 celui des retranchements, pour remplacer 7 dièses à la clé, et d'affaiblir d'une unité ce chiffre modificatif, soit en élevant de 1 celui des retranchements, soit en diminuant de 1 celui des adjonctions, pour obtenir l'équivalent de 7 bémols à la clé.

Pour ramener les armures à un nombre de dièses ou de bémols qui ne dépasse pas 7, il suffira donc de remplacer 7 dièses en élevant d'une unité le chiffre modificatif du numérotage, ou de retrancher 7 bémols en l'abaissant d'une unité. Une armure de 9 dièses sera ainsi réduite à 2 dièses, ou une armure de 10 bémols à 3 bémols.

Par extension, on peut employer ce moyen pour simplifier les armures trop chargées. Une armure de 5 dièses, par exemple, est réduite à une armure de 2 bémols en élevant d'une unité le chiffre modificatif. En effet, cette élévation équivaut à 7 dièses, dont 5 sont annulés par ceux de la clé, et les 2 derniers sont compensés par les 2 bémols. De même, une armure de 5 bémols est réduite à une armure de 2 dièses, en abaissant d'une unité le chiffre modificatif, puisque cet abaissement équivaut à 7 bémols, dont 5 sont annulés par ceux de la clé, et les deux derniers sont compensés par les 2 dièses.

Au cas où l'on voudrait user de ce moyen, qui donne des résultats excellents dans la pratique, il suffit de compléter 7 avec des bémols, si l'on a des dièses, ou avec des dièses, si l'on a des bémols. Ainsi, 4 dièses impliquent 3 bémols, parce que 4 et 3 font 7, et 6 bémols impliquent 1 dièse, puisque 6 et 1 font 7, si l'on opère l'adjonction ou le retranchement d'une unité au numérotage pour remplacer 7 dièses ou 7 bémols.

Lorsqu'on transpose d'après la note écrite, le numérotage modifié permet de se passer de toute règle pour les dièses, bémols ou bécarres qu'amènent accidentellement les modulations intérieures. Mais il n'en va pas de même lorsqu'on opère d'après une clé et une armure supposées : quelques règles sont nécessaires. On verra que, grâce au système de cette méthode, elles sont beaucoup plus simples et beaucoup plus pratiques que celles du système usuel. Les voici :

1° Tout dièse accidentel élève d'une unité le numéro de la note tel qu'il est déterminé par la clé et l'armure supposées; tout double dièse l'élève de deux unités;

2° Tout bémol accidentel abaisse d'une unité le numéro de la note; tout double bémol l'abaisse de deux unités;

3° Tout bécarre qui annule un dièse de la CLÉ ÉCRITE abaisse le numéro d'une unité; tout bécarre qui annule un bémol de cette clé élève le numéro d'une unité;

4° Quant aux bécarres, dièses ou bémols dits DE PRÉCAUTION, qui ne changent rien à la note telle qu'elle résulte de l'armure écrite, et que les compositeurs emploient arbitrairement, pour effacer le sentiment d'un dièse ou d'un bémol placé dans une mesure précédente ou bien à une autre partie, ils laissent subsister tel quel le numéro de la note. En ce cas, il est impossible d'établir une véritable règle, l'arbitraire échappant, par sa nature même, à toute réglementation; il faut que le transpositeur se rappelle exactement l'armure écrite, afin de discerner si les accidents ne sont qu'une confirmation de cette armure, ou bien s'ils doivent opérer quelque changement à la hauteur de la note. Toujours la mémoire obligée de rectifier le signe écrit! Qu'y faire? Subir ce malencontreux usage, jusqu'à ce qu'il soit réformé par un retour à la raison.

§ IV. — TRANSPOSITION EN PARTANT D'UNE CLÉ QUELCONQUE

La lecture de toutes les clés étant réduite à celle de la seule clé de SOL deuxième ligne, par les moyens qui viennent d'être donnés, on devine qu'il n'est pas plus difficile de transposer la musique écrite avec les clés les moins usitées, que celle écrite avec les clés rendues très familières par un usage incessant. Il suffit, comme pour la transposition avec ces dernières, de changer les modificatifs numériques nécessités par la réduction à la clé de SOL deuxième ligne, selon les exigences de la transposition proposée. En élevant ce modificatif d'une unité, on aura la transposition à la seconde mineure supérieure, de 2 unités à la seconde majeure supérieure, et ainsi de suite. En l'affaiblissant d'une unité, on aura la transposition à la seconde mineure inférieure, de 2 unités à la seconde mineure inférieure, et ainsi de suite.

Supposons un morceau écrit en clé d'UT troisième ligne, à transposer à la seconde majeure supérieure : La réduction à la clé de SOL deuxième ligne, exige l'adjonction de 1 au numérotage ; la transposition à la seconde majeure supérieure exige l'adjonction de 2. On additionnera ces deux adjonctions, et l'on n'aura plus à tenir compte que d'une seule adjonction définitive de 3.

Supposons un morceau écrit en clé d'UT quatrième ligne, à transposer à la seconde majeure inférieure : La réduction à la clé de SOL exige un retranchement de 2 ; la transposition à la seconde majeure inférieure exige un retranchement de 2. On additionnera ces deux retranchements, et l'on n'aura plus à tenir compte que d'un retranchement définitif de 4 (1). Dans le cas où la clé exigerait une adjonction et la transposition un retranchement, on compensera l'adjonction par le retranchement et l'on ne tiendra compte que du reste. On fera de même lorsque la clé exige un retranchement et la transposition une adjonction.

Ainsi, au moyen d'un seul chiffre modificatif, le problème de la transposition, dans tous les tons possibles, d'un morceau écrit avec les clés les moins usitées, peut être résolu de la manière la plus positive, même par des personnes qui n'ont aucune habitude de ces clés. Il suffit qu'elles sachent en opérer la réduction à la clé de SOL deuxième ligne, par les procédés qui viennent d'être indiqués.

---

(1) Toutes les règles de la transposition, en partant des clés très-usitées, ayant été données au chapitre qui traite de cette transposition, il suffit d'y renvoyer les professeurs et les disciples, car elles s'appliquent de la façon la plus exacte à la transposition en partant des clés peu usitées. Il serait tout à fait inutile de les reproduire ici.

TABLEAU

DE LA RÉDUCTION DE TOUTES LES CLÉS A CELLE DE SOL (2me LIGNE)

(A) Le modificatif normal est *moins* 4. Pour remplacer les 7 dièses, il faut *plus* 1, ce qui réduit le modificatif a *moins* 3.

(B) Le modificatif normal est *moins* 5. Pour remplacer les 7 bémols, il faut *moins* 1, ce qui fait un modificatif combiné *moins* 6. Mais, comme on ne retranche jamais au delà de 5, on remplace *moins* 6 par *plus* 6, qui donne les mêmes résultats, ainsi qu'on l'a vu dans la méthode.

FIN

TABLE DES MATIÈRES

PARIS. — IMPRIMERIE PARISIENNE, J. SOUBIE, IMPASSE BONNE-NOUVELLE, 5

www.ingramcontent.com/pod-product-compliance
Ingram Content Group UK Ltd.
Pitfield, Milton Keynes, MK11 3LW, UK
UKHW020446230726
13925UKWH00004B/1822

9 782019 217679